教育部教改项目成果

高职高专机械类专业基础课规划教材

现代机械制图习题集

第2版

主　编　何文平

副主编　刘冬敏　牛红宾

参　编　王定保　任彩霞　李绍鹏

李晓华　李敏

机械工业出版社

本习题集是《现代机械制图　第2版》（何文平主编）的配套用书。全部采用我国最新颁布的《技术制图》与《机械制图》国家标准及与制图有关的其他标准。

图书在版编目（CIP）数据

现代机械制图习题集/何文平主编．—2版．—北京：机械工业出版社，2013.8（2017.7重印）
教育部教改项目成果　高职高专机械类专业基础课规划教材
ISBN 978-7-111-43775-8

Ⅰ.①现…　Ⅱ.①何…　Ⅲ.①机械制图-高等职业教育-习题集　Ⅳ.①TH126-44

中国版本图书馆CIP数据核字（2013）第198449号

机械工业出版社（北京市百万庄大街22号　邮政编码100037）
策划编辑：王晓洁　责任编辑：王晓洁　宋亚东
责任校对：陈立辉　封面设计：鞠　杨
责任印制：孙　炜

北京玥实印刷有限公司印刷
2017年7月第2版第2次印刷
370mm×260mm·15印张·184千字
3001-4900册
标准书号：ISBN 978-7-111-43775-8
定价：35.00元

凡购本书，如有缺页、倒页、脱页，由本社发行部调换

电话服务	网络服务
社服务中心：（010）88361066	教材网：http://www.cmpedu.com
销售一部：（010）68326294	机工官网：http://www.cmpbook.com
销售二部：（010）88379649	机工官博：http://weibo.com/cmp1952
读者购书热线：（010）88379203	**封面无防伪标均为盗版**

第2版前言

本习题集是《现代机械制图（第2版）》（何文平　主编）的配套用书。本习题集自出版以来，得到了广大读者的广泛关注和热情支持，很多读者向我们提出了宝贵的意见和建议。鉴于近年来各学校普遍进行了教学和课程的改革，使得教学内容也有了一定的调整，同时新的国家标准和行业标准相继颁布实施；为了适应我国高职、高专教育的迅速发展，满足教育部对高职、高专培养模式的要求，我们特进行了修订。本次修订的内容及特点如下：

1. 对习题做了一些调整，使其难度适中，更加符合教学要求；采用最新国家标准及行业标准。

2. 加强了轴测图画法的练习，而且题目多样化。

3. 增加徒手画图练习，节省时间，注重学生画图，看图能力的培养。

本习题集由河南工业大学的何文平主编，中州大学的刘冬敏与河南工业大学的牛红宾任副主编，参加编写的人员有洛阳理工大学的王定保、河南工业大学的任彩霞、漯河职业技术学院的李绍鹏、河南工业大学的李晓华、郑州经贸职业技术学院的李敏。具体编写分工如下：第七、十章由何文平编写，第六章由刘冬敏编写，第九、十一章由牛红宾编写，第八章由王定保编写，第二、四章由任彩霞编写，第五章由李绍鹏编写，第一章由李晓华编写，第三章由李敏编写。河南工业大学的孔雪清和马宁绘制并润饰了立体图。本习题集由郑州大学工学院的赵建国教授审阅。

由于时间仓促，水平有限，书中难免有不足之处，欢迎广大读者批评指正。

编　者

目　录

第一章　制图的基本知识

1-1　图线练习、尺寸基本注法

班级　　　学号　　　姓名

1. 在图例下面画线型和箭头。

3. 标注图中的尺寸，尺寸的数值从图上量出，取整数。

2. 将下面左图按尺寸数值画在右边。

4. 分析左图上的尺寸错误，并正确地标注在右图上。

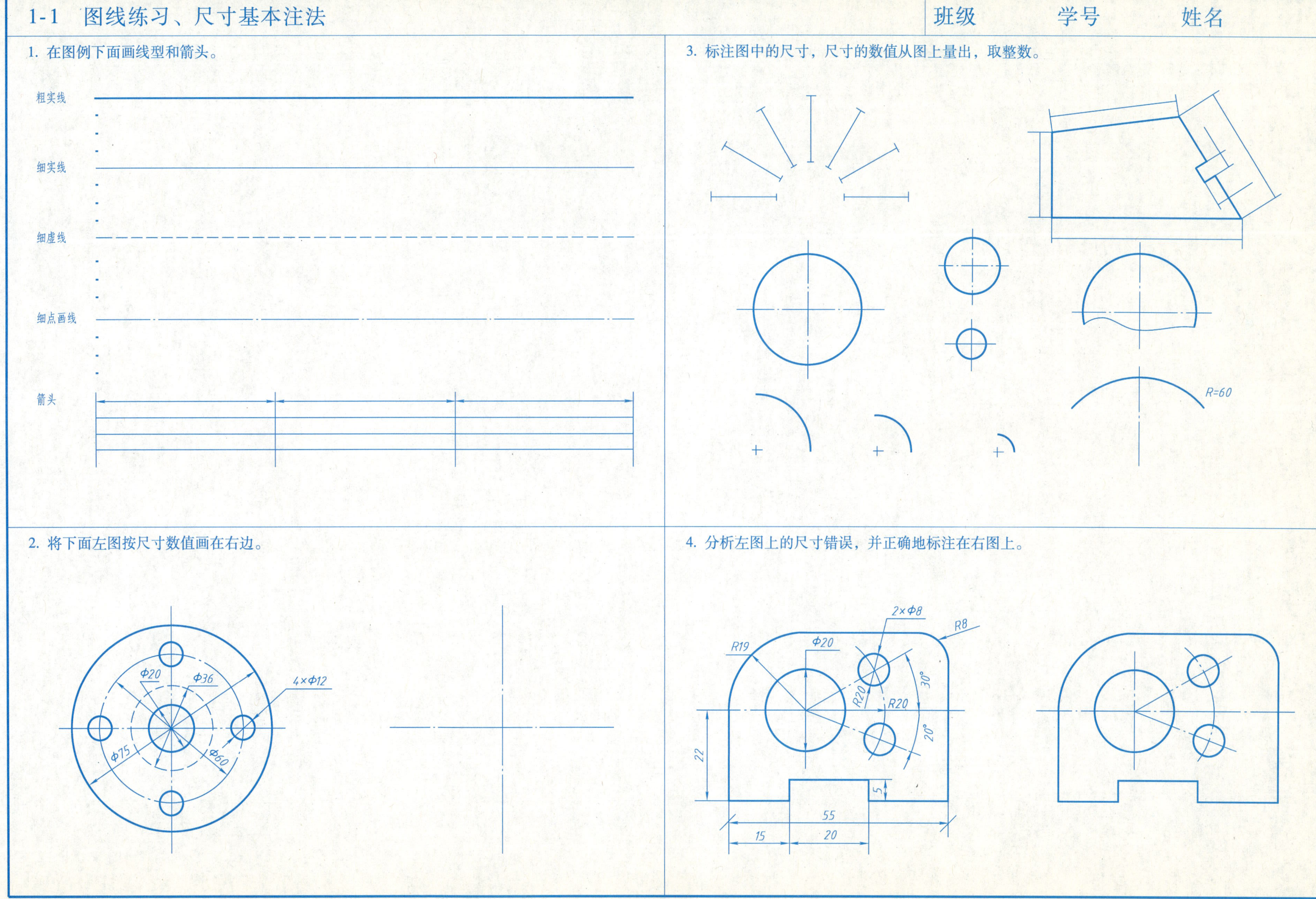

1-2　作斜度、锥度、椭圆和圆弧连线

班级　　学号　　姓名

1. 作斜度和锥度。

2. 按小图尺寸在大图上作连接弧并描深。

（1）

（2）

3. 长轴 90、短轴 60 作椭圆。

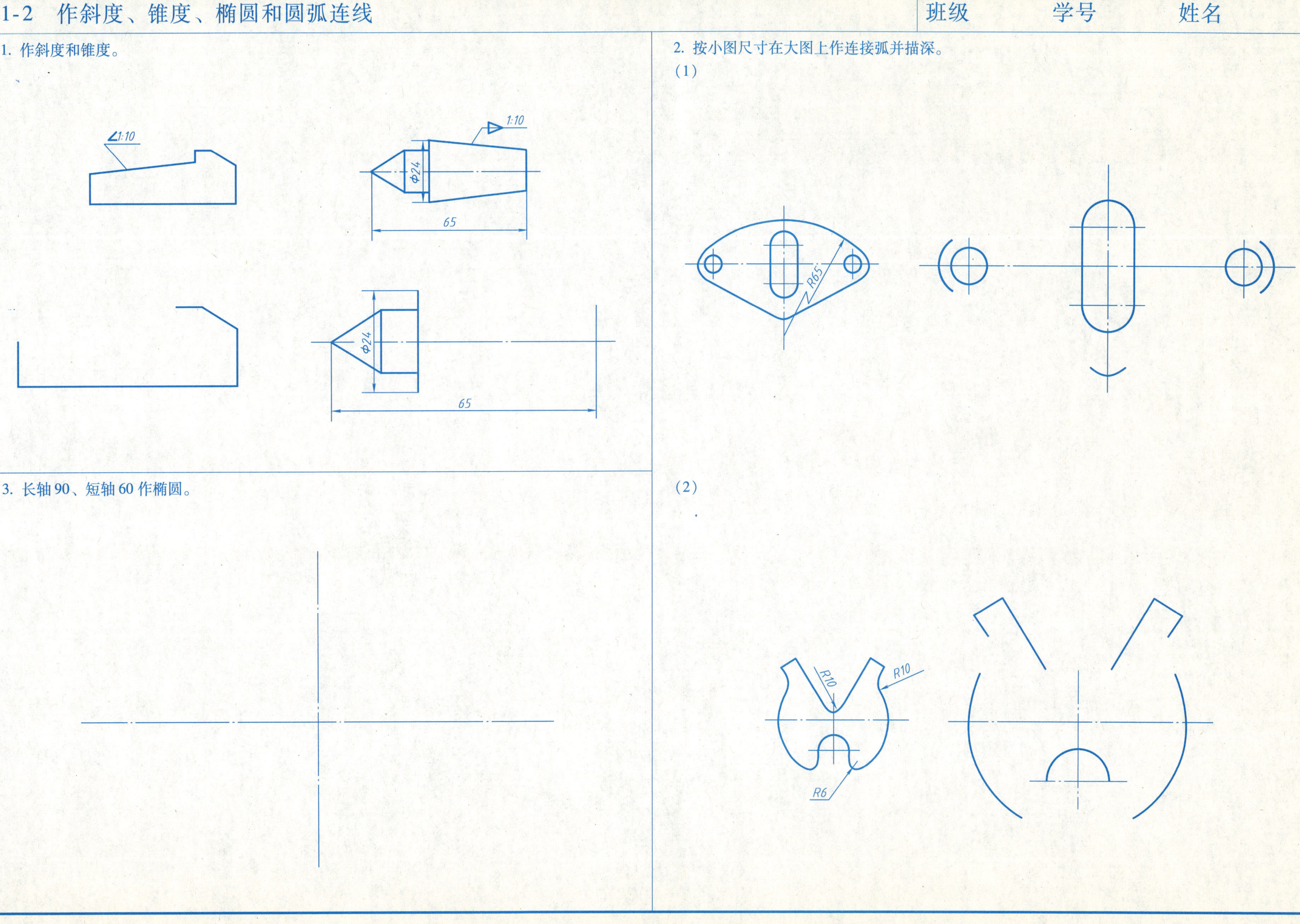

1-3　徒手绘图

班级　　　学号　　　姓名

1. 在指定位置处，照样徒手画出各种图线和图形。

2. 徒手画出上面图线和图形的草图。

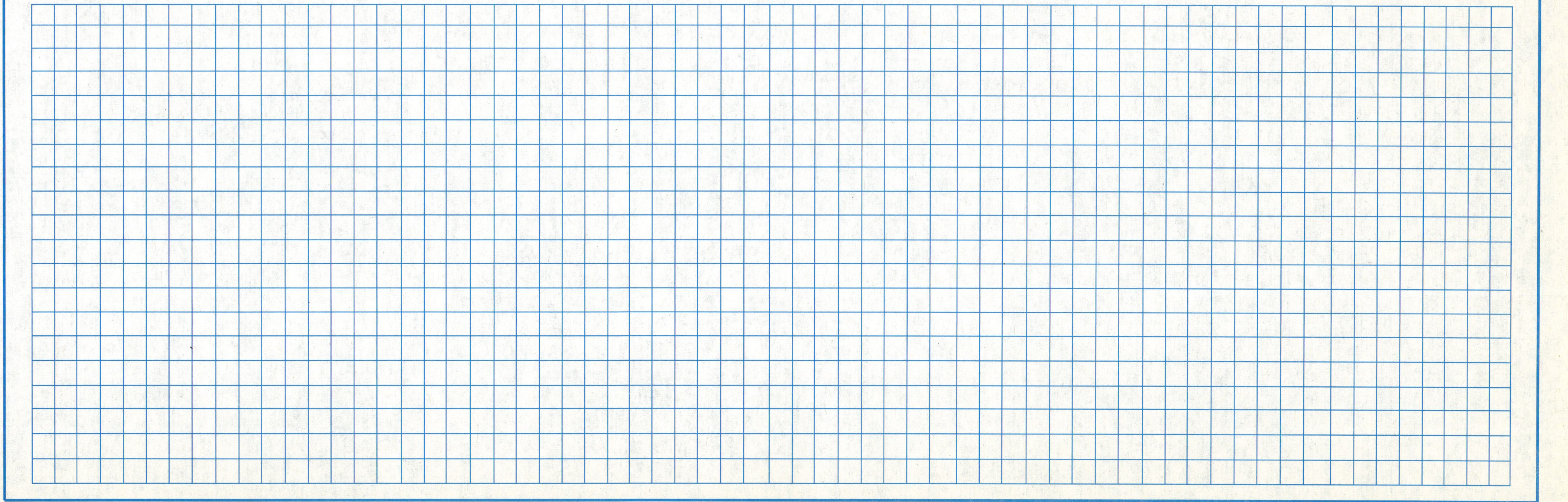

1-4　基本训练

班级　　　　学号　　　　姓名

基本训练作业指导

一、目的、内容与要求

1. 目的、内容：初步掌握国家标准《机械制图》及《技术制图》的有关内容，学会绘图仪器和工具的使用方法。抄画：

1）线型（不注尺寸）。

2）零件轮廓，任选一个图形，并注尺寸。

2. 要求：图形正确，布置适当，线型合格，字体工整，尺寸完整，符合国标，连接光滑，图面整洁。

二、图名、图纸幅面、比例

1. 图名：基本练习。

2. 图纸幅面：A3 图纸。

3. 比例：1∶1。

三、绘图步骤及注意事项

1. 绘图前对所画图形进行分析研究，确定正确的作图步骤；特别要注意零件轮廓线上圆弧连接的各切点及圆心位置必须正确作出，在布置图面时还应考虑预留标注尺寸的地方。

2. 粗线宽度为 0.7～1mm，细虚线及细实线宽度约为粗线的 1/3，细虚线画长约 5mm，短间隔 1mm，细点画线长画约 10～15mm，短间隔及点共约 4mm。

3. 字体：图中汉字均写长仿宋体字，并必须按指定的字体大小先打格子然后写字；标题栏内图名及图号写 10 号字，校名写 7 号字；班级写在校名下方，姓名写在“制图”栏内，都用 5 号字。图中尺寸数字写 3.5 号字，书写前应先画两条平行细实线，以保证尺寸数字高度一致。

4. 箭头：宽约 0.7～1mm，长为宽的 6 倍左右。

5. 完成底稿后，经仔细校核方可加深；用铅笔加深时，圆规的铅芯应比画直线的铅笔软一号。

1. 线型

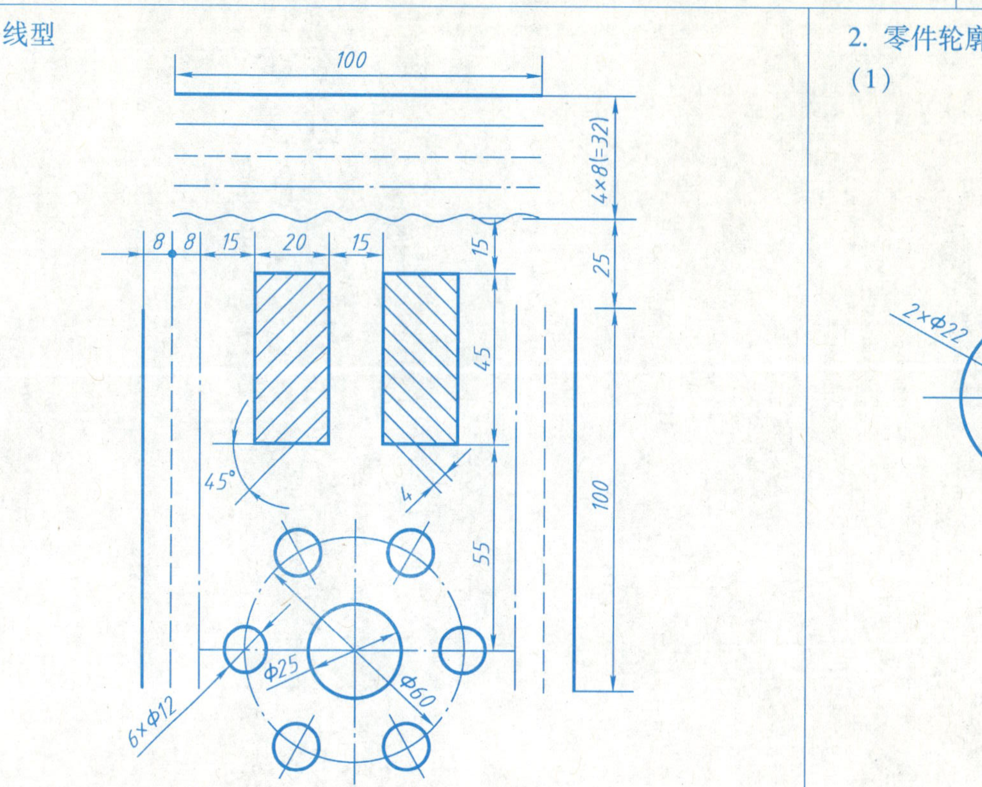

2. 零件轮廓

（1）

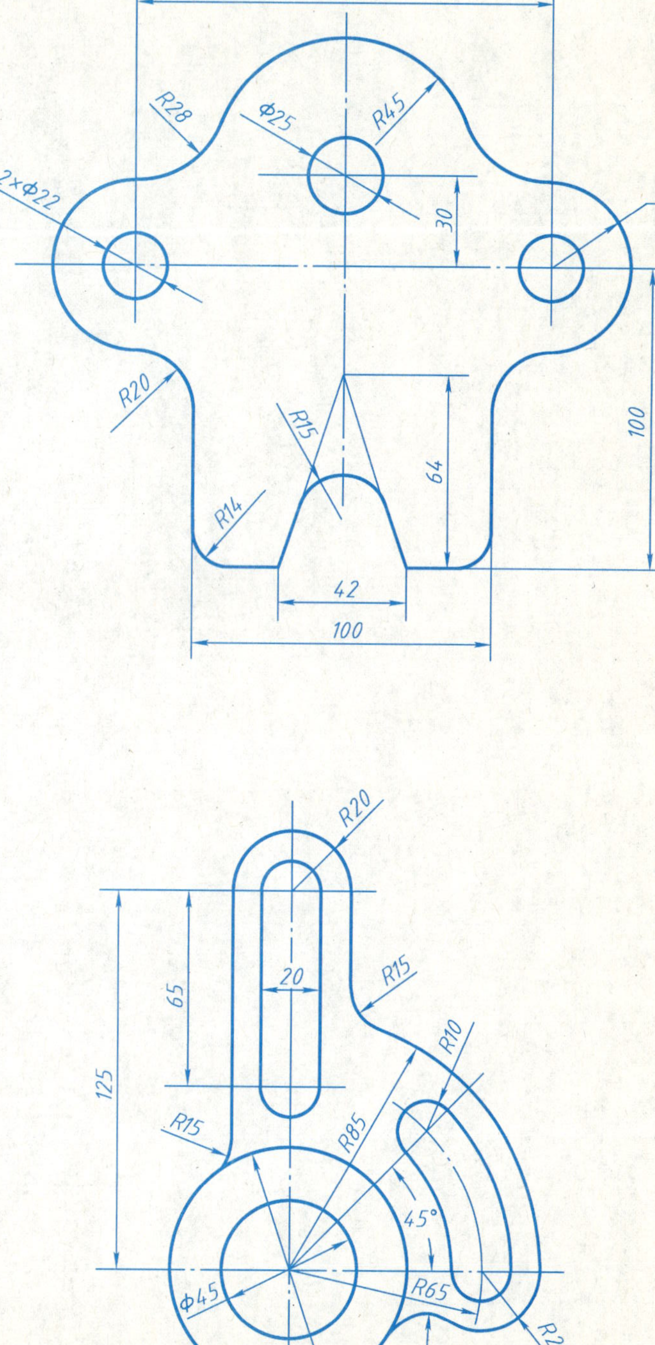

（2）

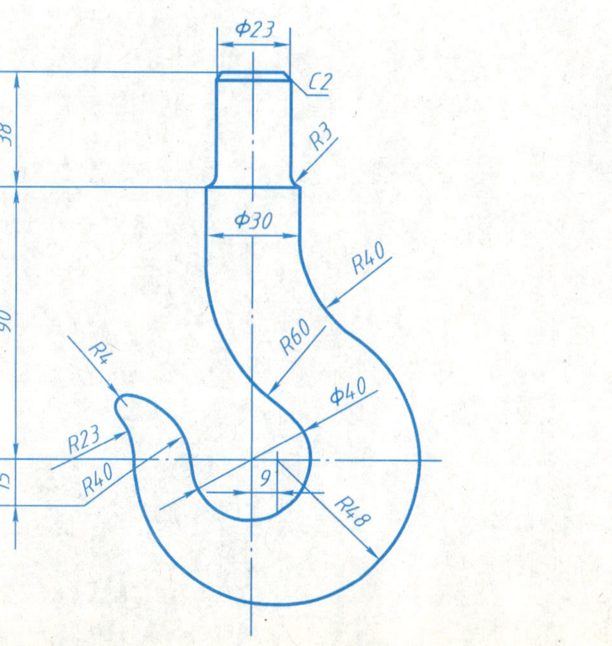

（3）

第二章　投影法基础（此章无习题）

第三章　三维实体造型设计基础

3-1　画物体的正等轴测图

班级　　　学号　　　姓名

1. 画一个长方体正等轴测图，其长为40mm、宽为30mm、高为15mm。

2. 画一个正四棱台（上顶与下底均为长方形）的正等轴测图，其上顶长为20mm、宽为10mm，下底长为40mm、宽为20mm。

3. 画一个六棱柱，内接圆直径为 ϕ35.38mm、外接圆直径为 ϕ39.98mm，上下底面水平放置。

4. 抄画立体的正等轴测图（尺寸在图中量取）。

（1）

（2）

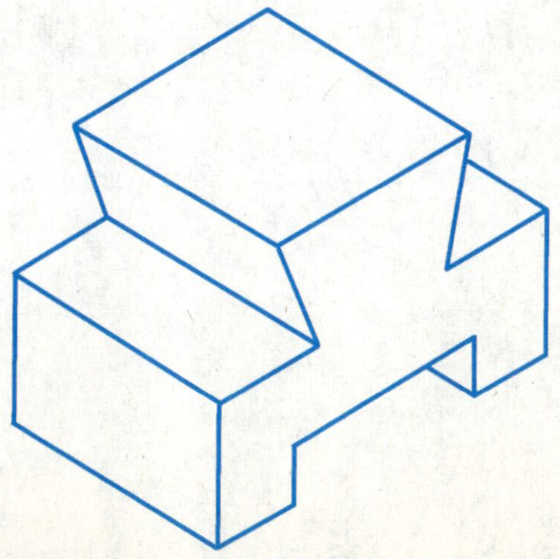

（3）

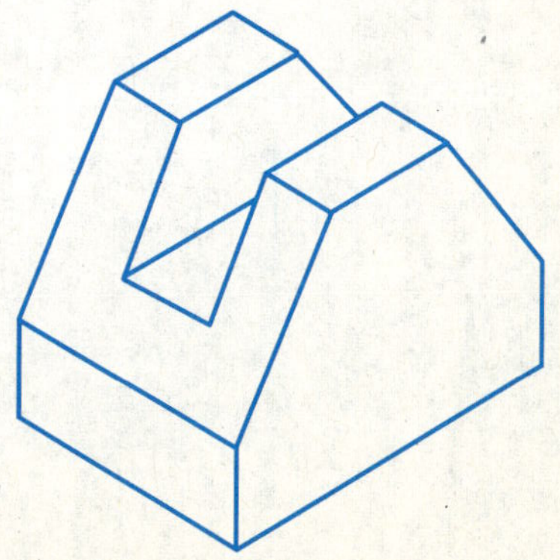

3-1　画物体的正等轴测图

班级　　　　学号　　　　姓名

5. 画一个直径为 30mm，高为 20mm 的圆柱，轴线铅垂放置。

6. 画一个圆锥台，上顶圆直径为 20mm，下底圆直径为 40mm，高为 30mm，轴线铅垂放置。

7. 画一个组合体正等轴测图，将第 5 题的圆柱放在第 1 题的上面（对中放置）。

8. 抄画物体的正等轴测图。

（1）

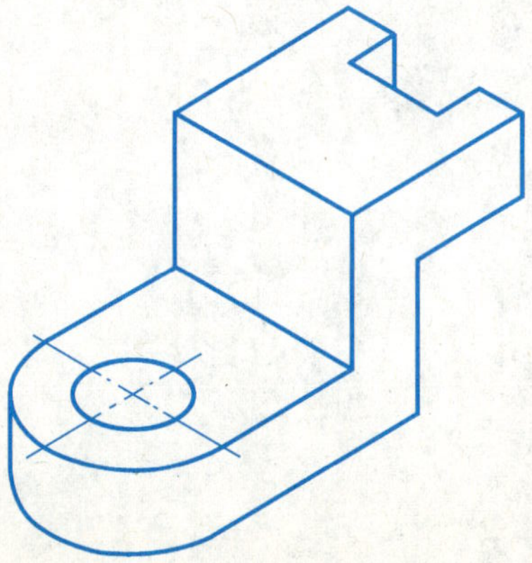

（2）

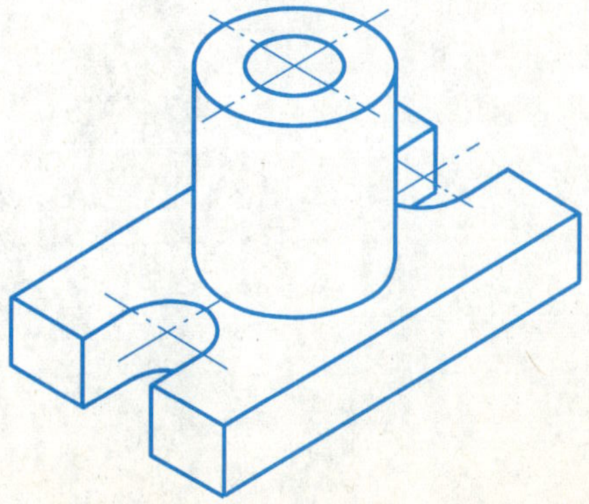

（3）

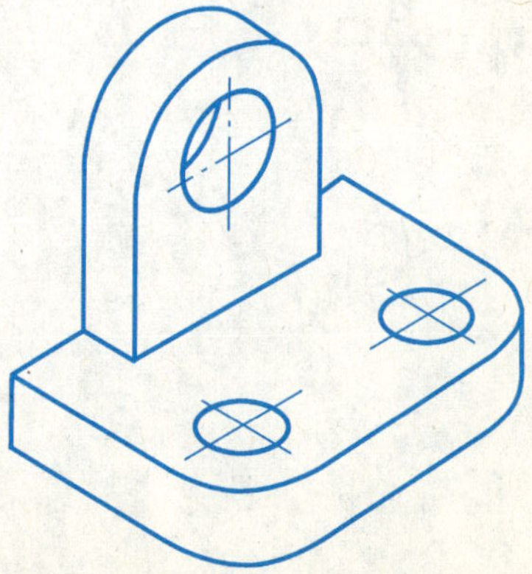

3-2　画物体的斜二等轴测图	班级　　学号　　姓名

1.

2.

3.

3-3　自己构思设计组合体，画出其轴测图（画两个正等测，一个斜二测图，徒手绘图）

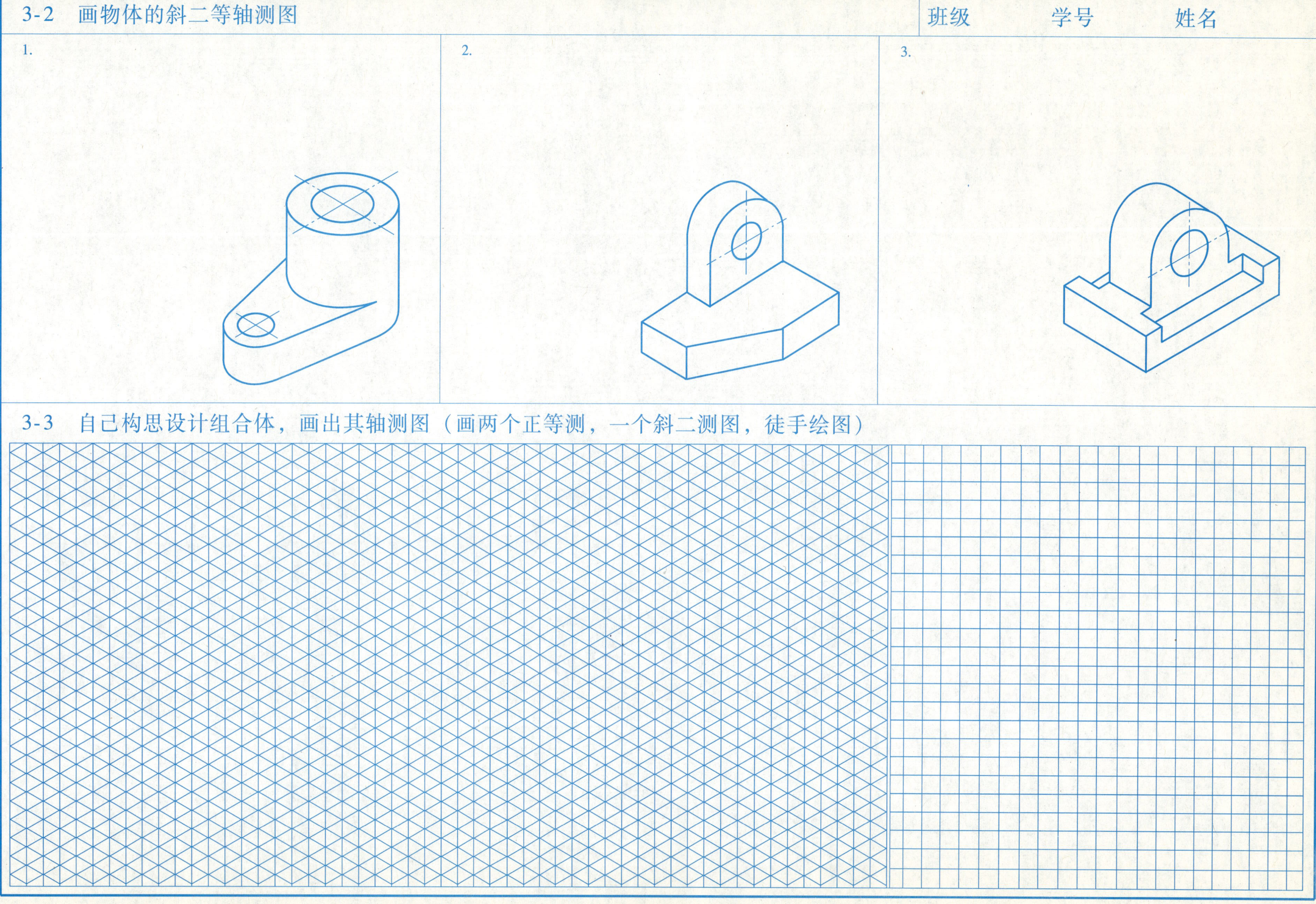

3-4　徒手绘制物体的轴测图

班级　　　学号　　　姓名

1. 绘制物体的正等轴测图。

2. 绘制物体的斜二等轴测图。

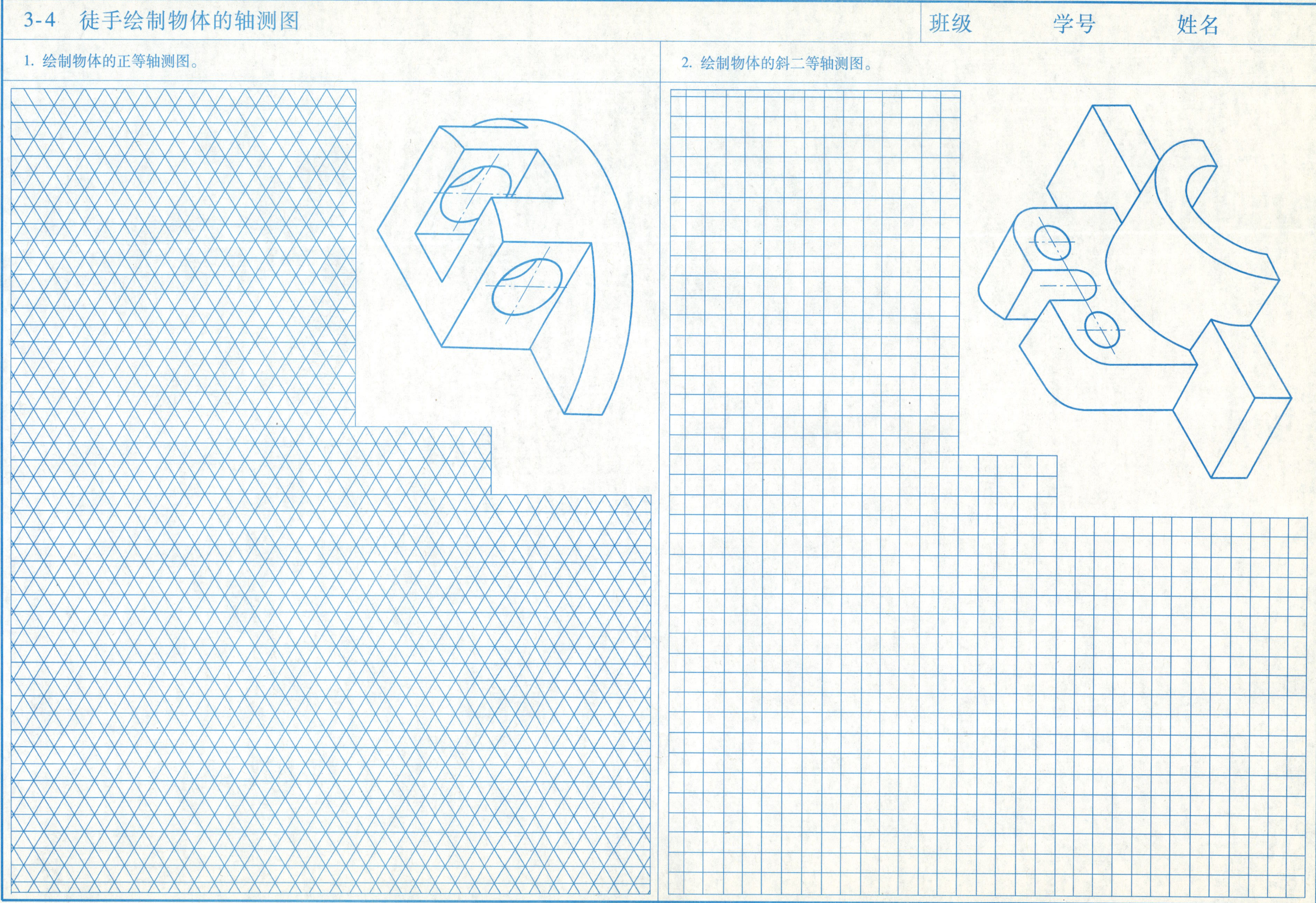

第四章　简单实体二维图的画法

4-1　点的投影

班级　　　　学号　　　　姓名

1. 根据点的轴测图，作出点的三面投影。

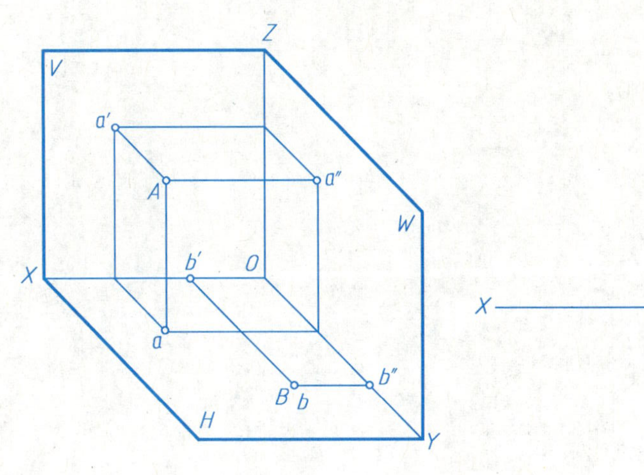

2. 已知 A、B、C 各点对投影面的距离，作出各点的三面投影。

	距 H 面	距 V 面	距 W 面
A	20	10	15
B	0	20	0
C	30	0	25

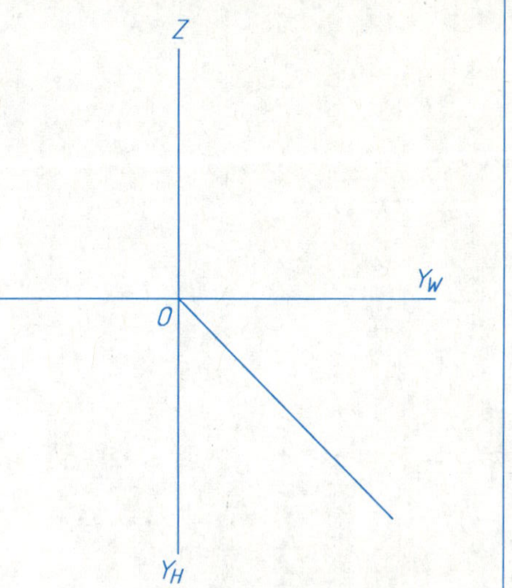

3. 已知各点的两面投影，试作出其第三面投影。

4. 根据点的相对位置作出 B、D 两点的投影，并判断重影点的可见性。

（1）点 B 在点 A 的正下方 12mm。

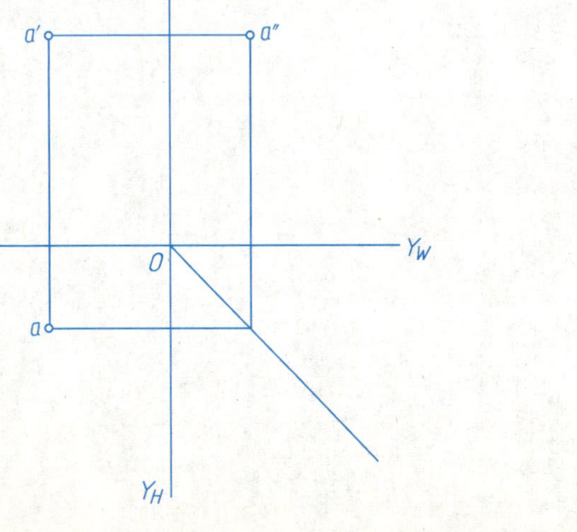

（2）点 D 在点 C 的正右方 15mm。

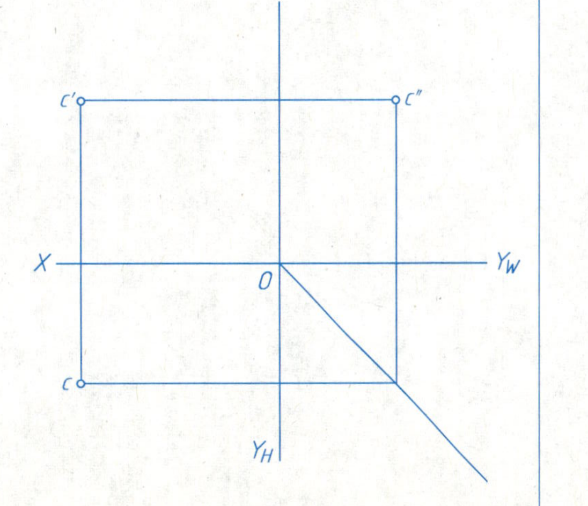

5. 已知点 A 的投影，点 B 在点 A 的左方 10mm，后方 20mm，上方 15mm，求点 B 的投影。

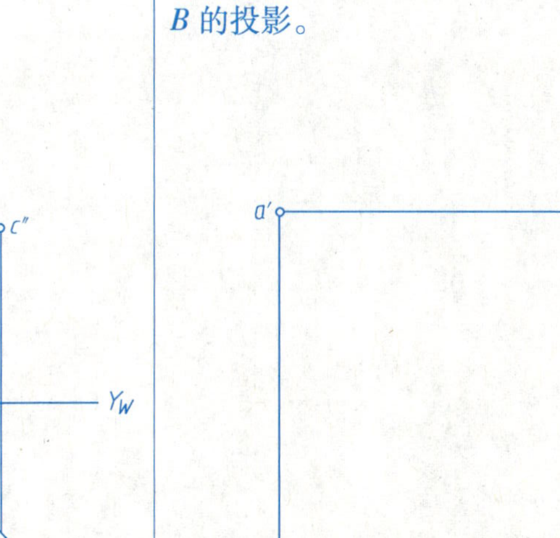

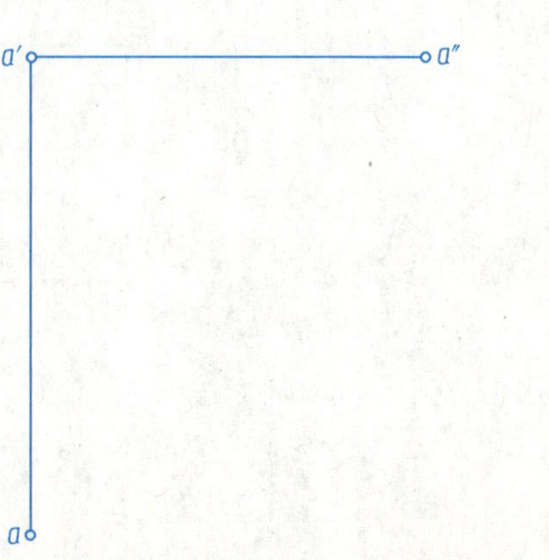

6. 说明 B、C 两点相对点 A 的位置（指出左右、前后、上下方向）。

点 B 在点 A 的____、____、____；

点 C 在点 A 的____、____、____。

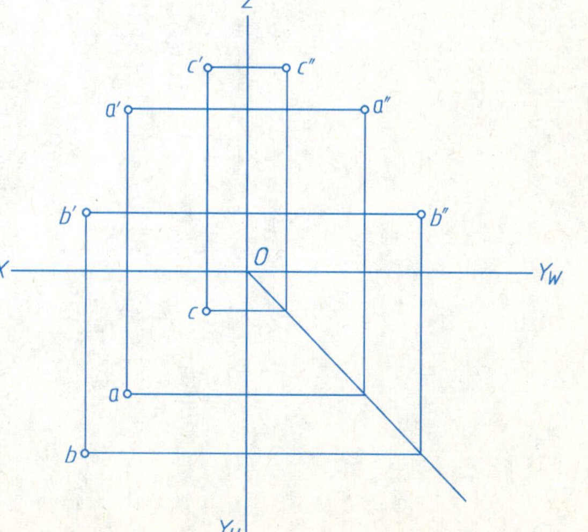

4-2　直线的投影

班级　　　　学号　　　　姓名

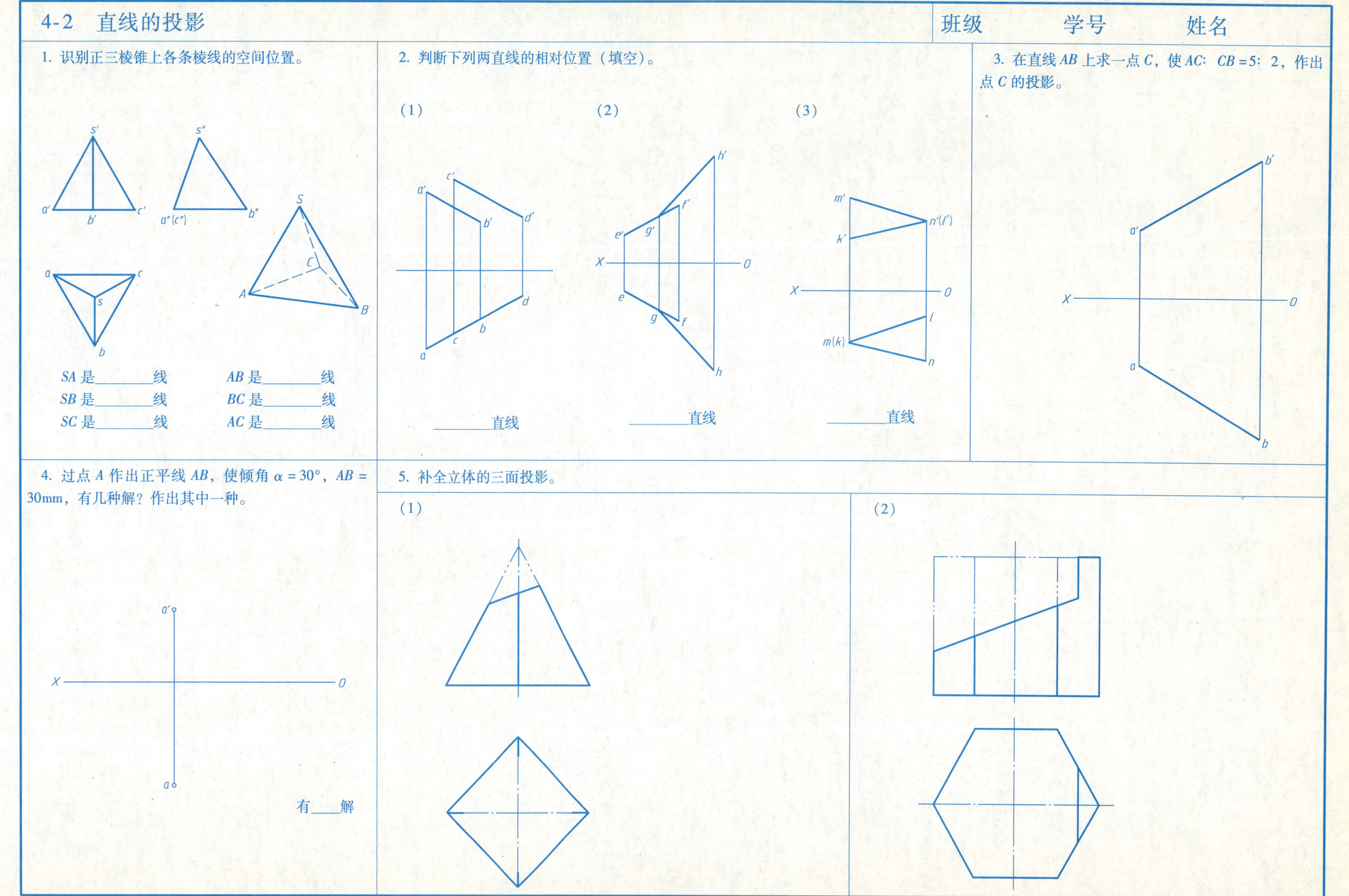

4-3　平面的投影

班级　　　　学号　　　　姓名

1. 在三视图中标出 P、Q、S 平面的三面投影（用相应的小写字母），并填写它们的名称和对各投影面的相对位置。

（1）

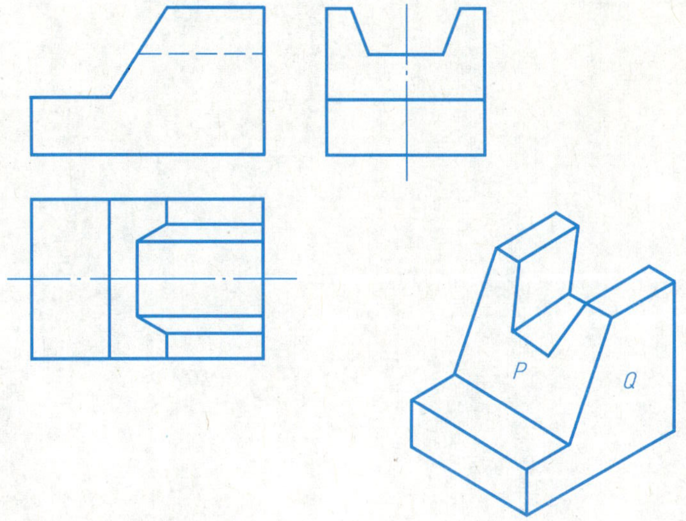

P 是______面，Q 是______面。

P：____ V，____ H，____ W；Q：____ V，____ H，____ W。

（2）

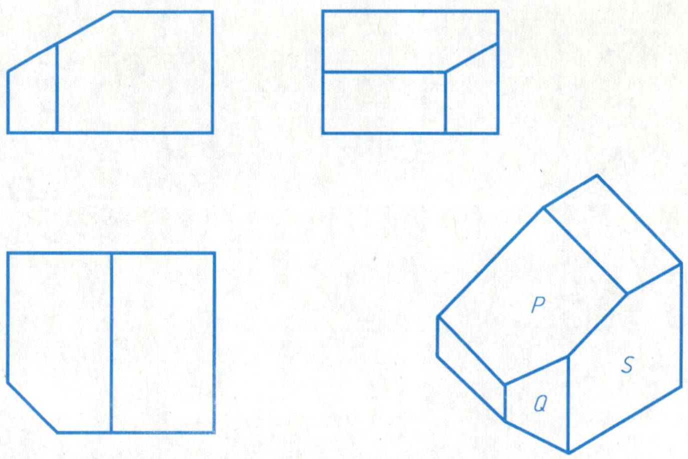

P 是______面，Q 是______面，S 是______面。

P：____ V，____ H，____ W；Q：____ V，____ H，____ W；

S：____ V，____ H，____ W。

2. 在三视图中标出 P、Q 两平面的第三投影，在立体图中标出它们的位置（用相应的大写字母），并填写它们的名称和相对各投影面的位置。

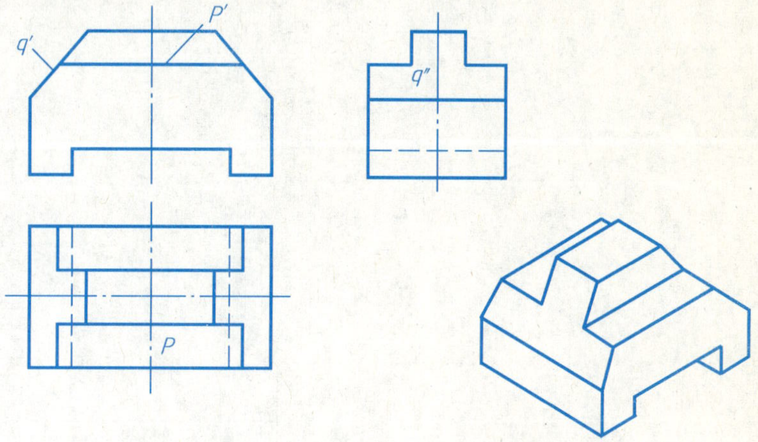

P 是______面，Q 是______面。

P：____ V，____ H，____ W；Q：____ V，____ H，____ W。

3. 补全下列各平面的第三投影。

（1）

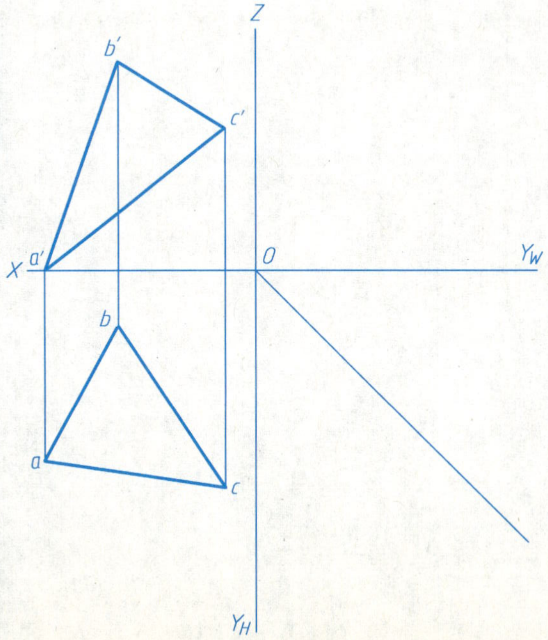

（2）

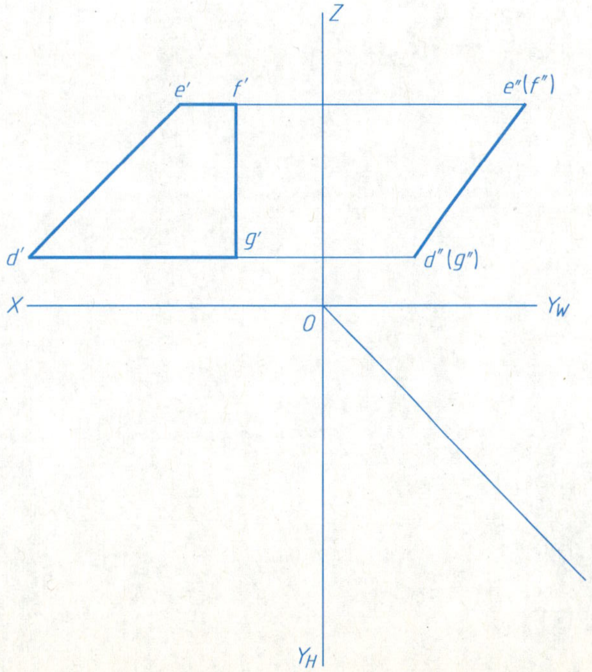

（3）

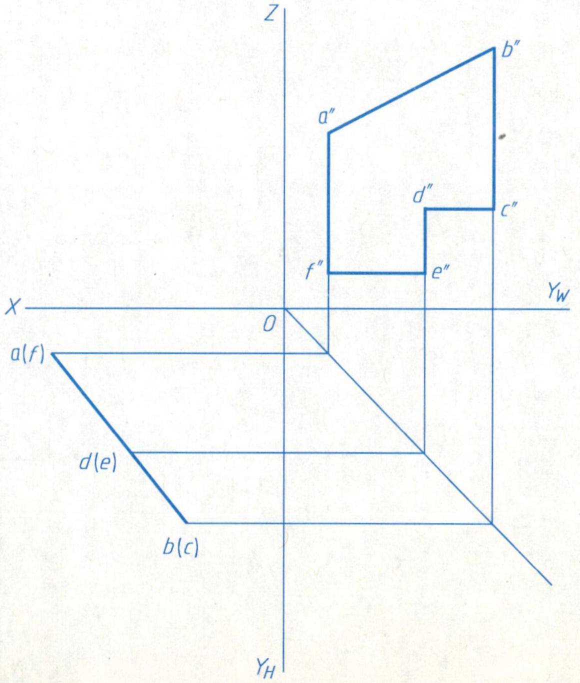

4. 已知正垂面 P 与 H 面的倾角为 30°，补全 P 面的投影。

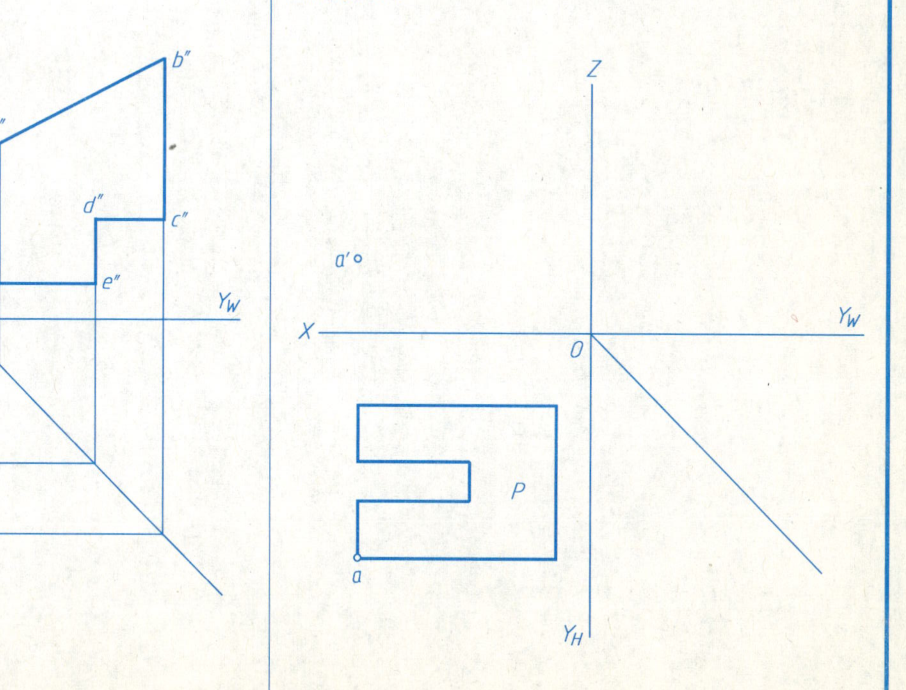

4-3　平面的投影

班级　　　学号　　　姓名

5. 已知立体表面上点的一个投影，求作点的另两个投影。

6. 补全立体的三面投影。

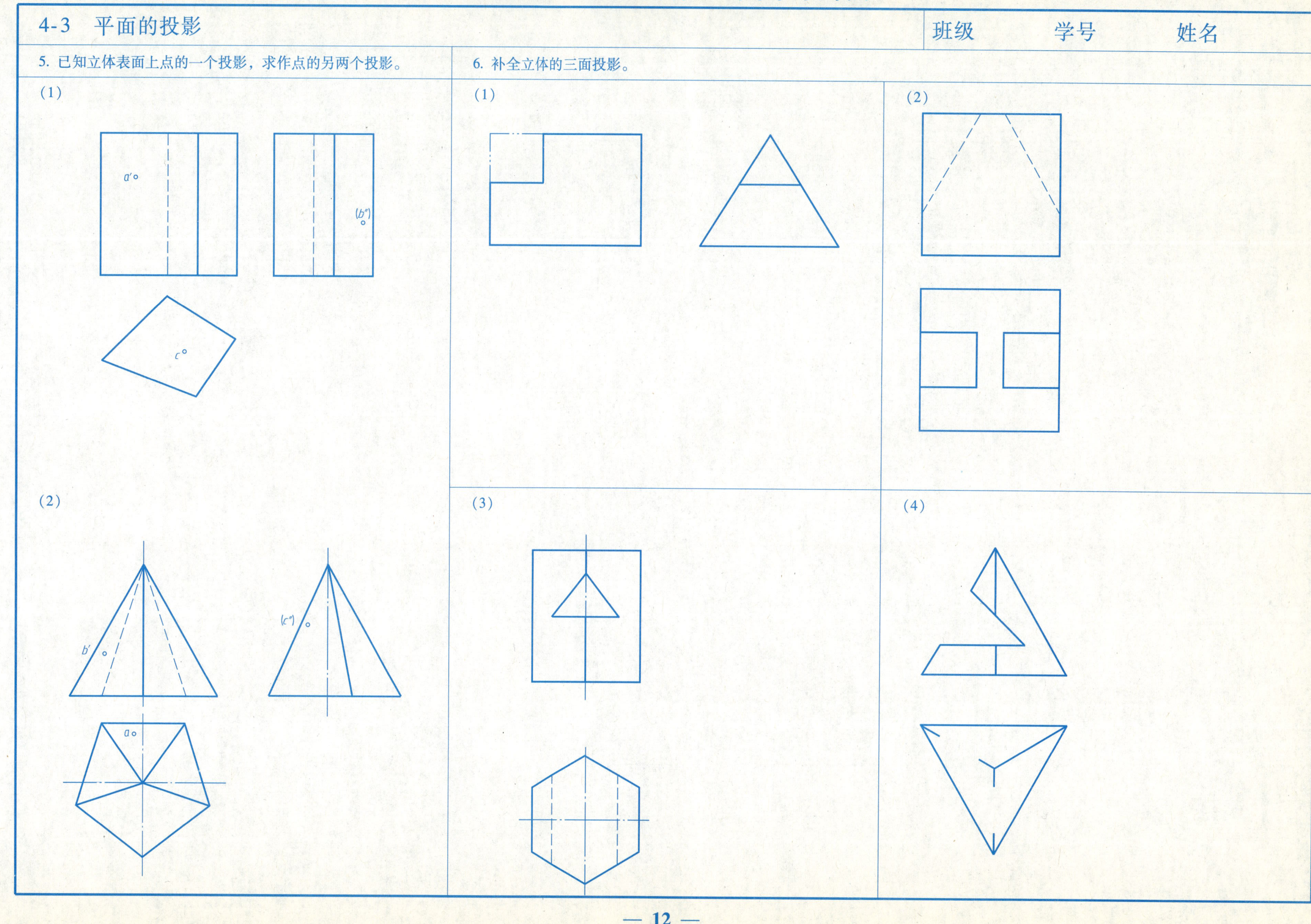

4-4　回转体的投影

班级　　　　学号　　　　姓名

1. 已知立体表面上点的一个投影，求作另外两个投影。

(1)

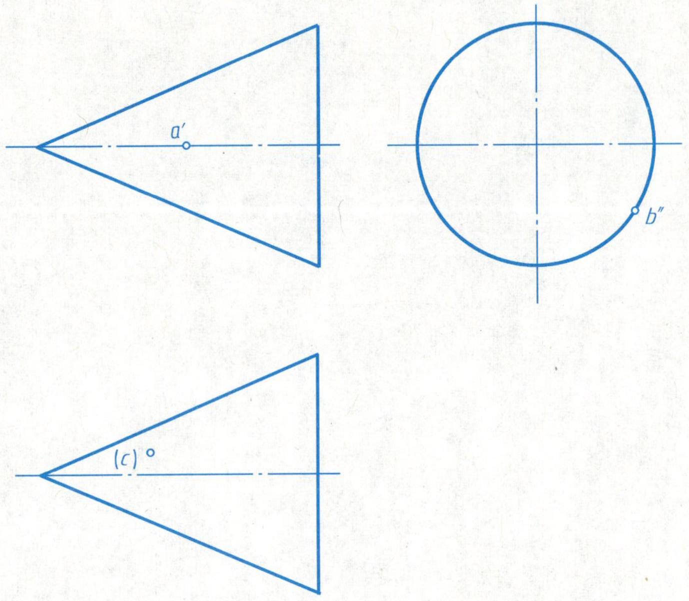

a′ b″ (c)

(2)

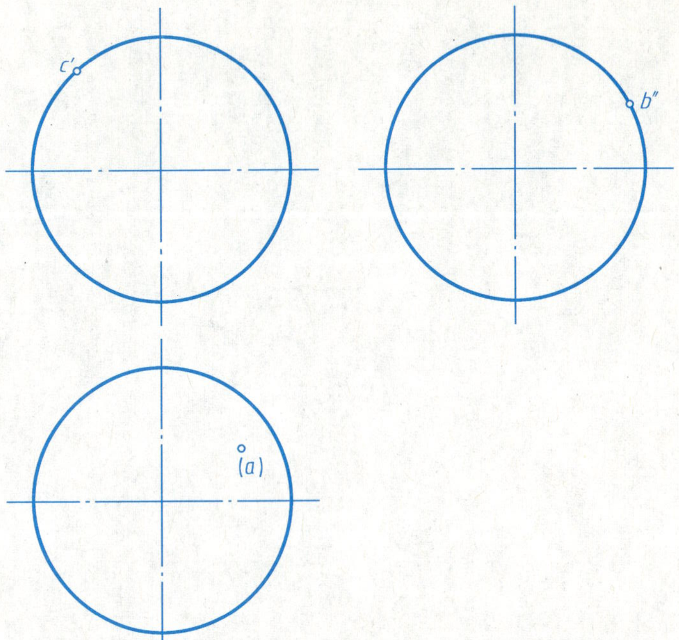

c′ b″ (a)

(3)

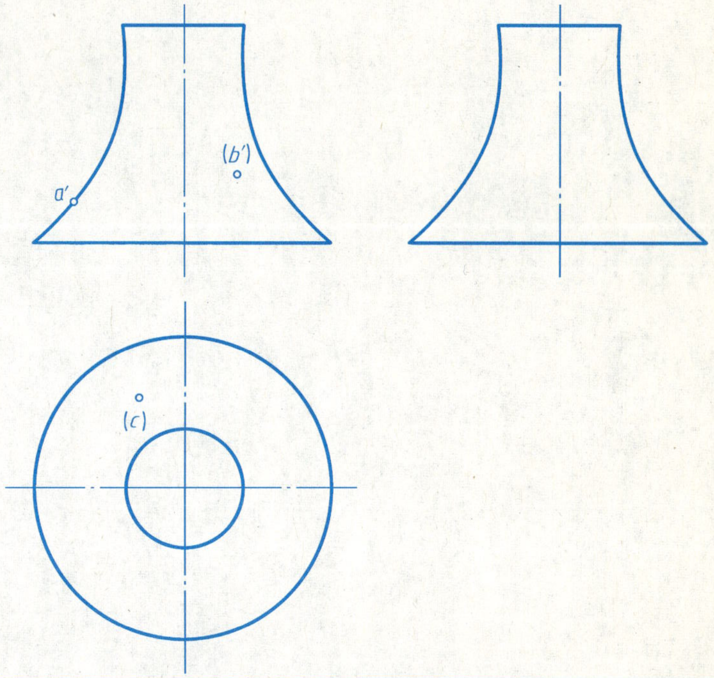

(b′) a′ (c)

2. 已知立体的两面投影，求作另一投影，并作出立体表面上点的另两投影。

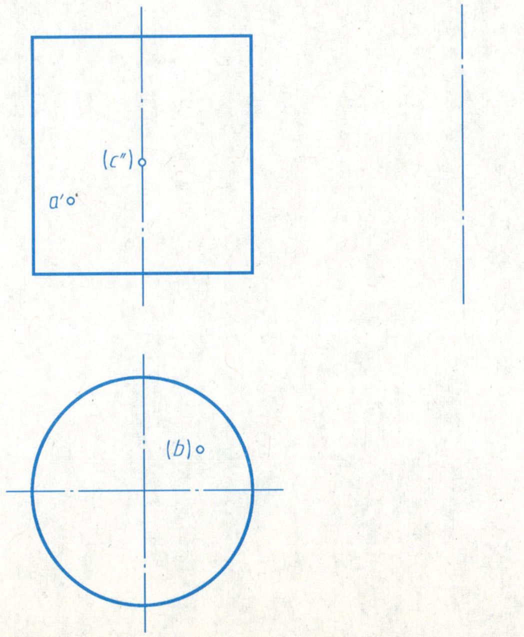

(c″) a′ (b)

3. 根据回转体表面上的线的一个投影，作出其余投影，并标出相应的字母（作图线保留）。

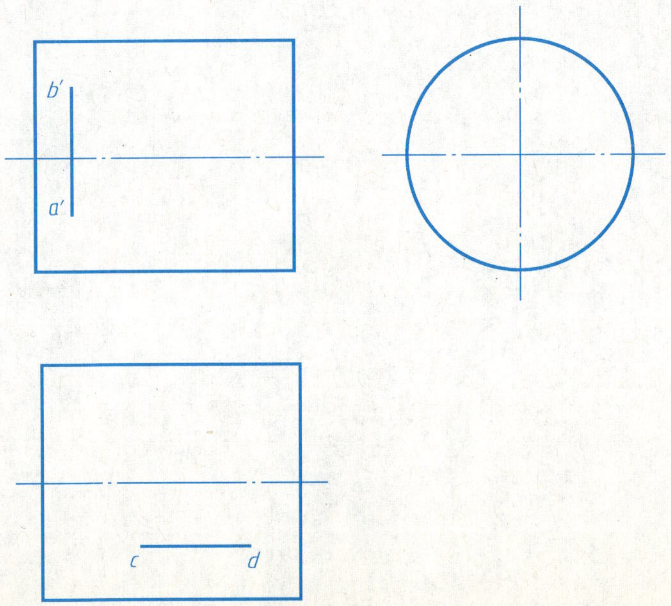

b′ a′ c d

4. 分析回转体的截交线，并补画其投影。

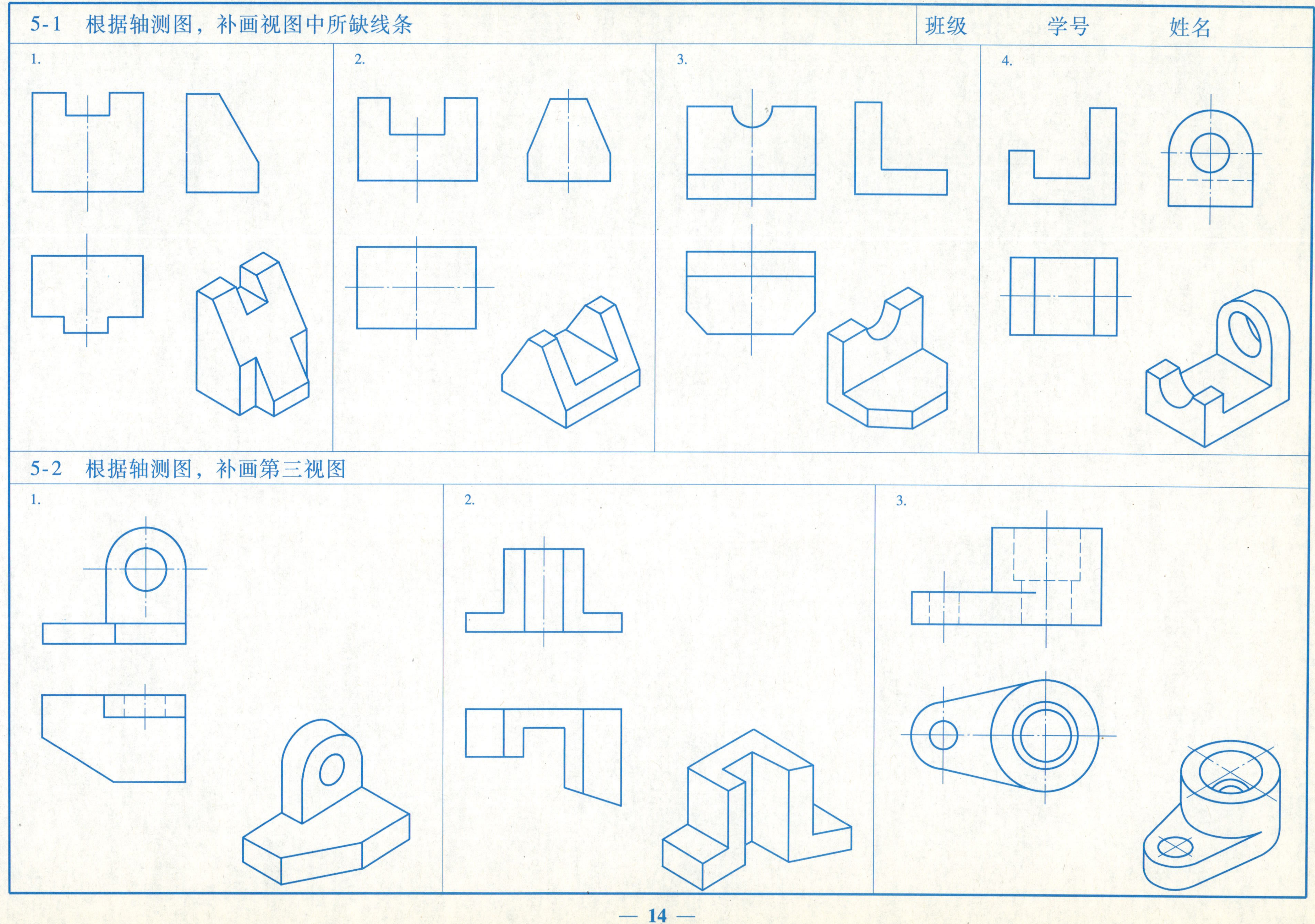
5-1　根据轴测图，补画视图中所缺线条
班级
学号
姓名
1.
2.
3.
4.
5-2　根据轴测图，补画第三视图
1.
2.
3.

5-3　根据轴测图，画三视图　　班级　　学号　　姓名

1.

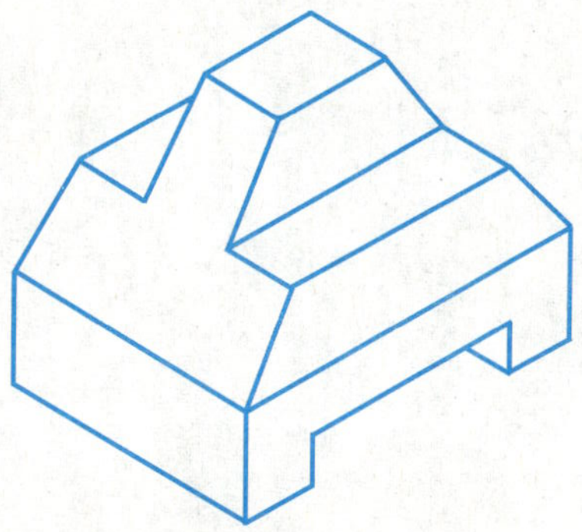

2.

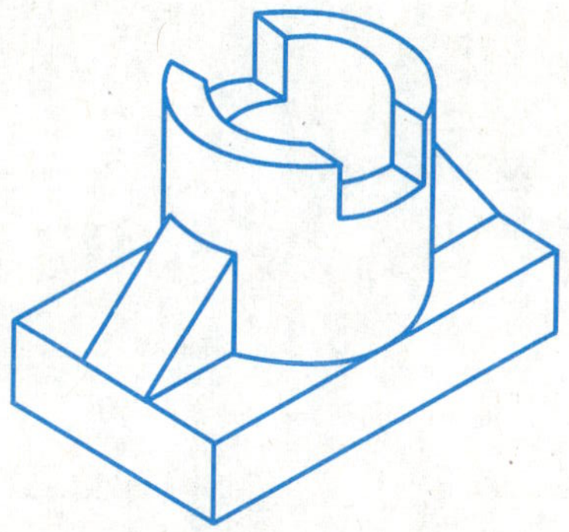

3.

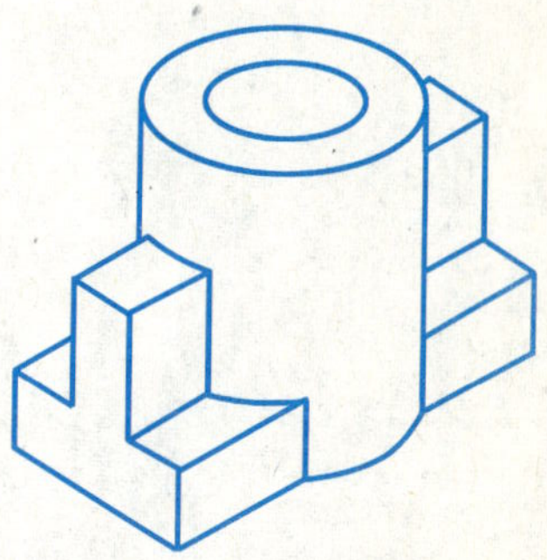

4.

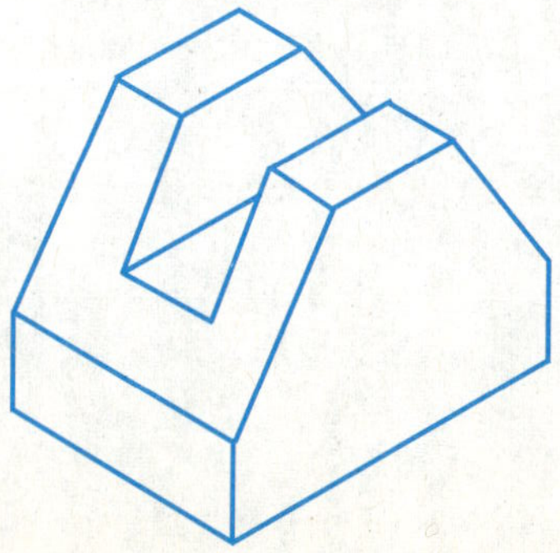

5.

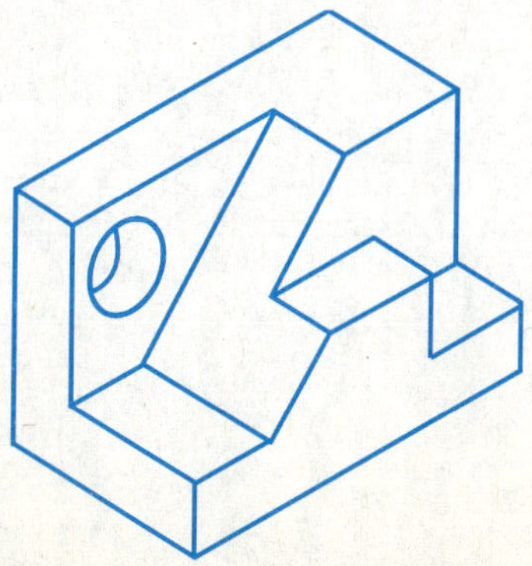

6.

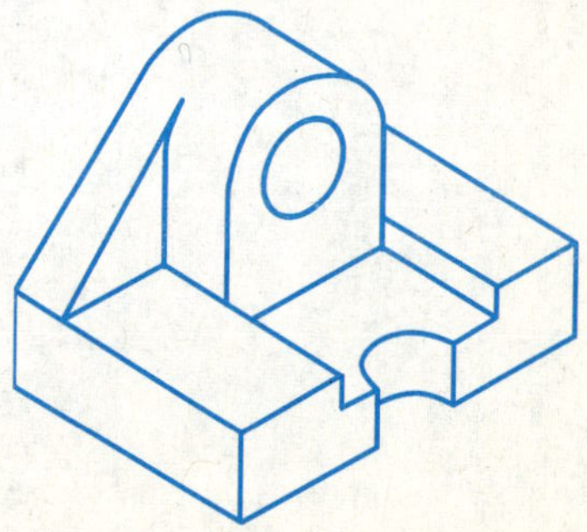

5-4　完成切割体的三面投影　　　　班级　　　学号　　　姓名

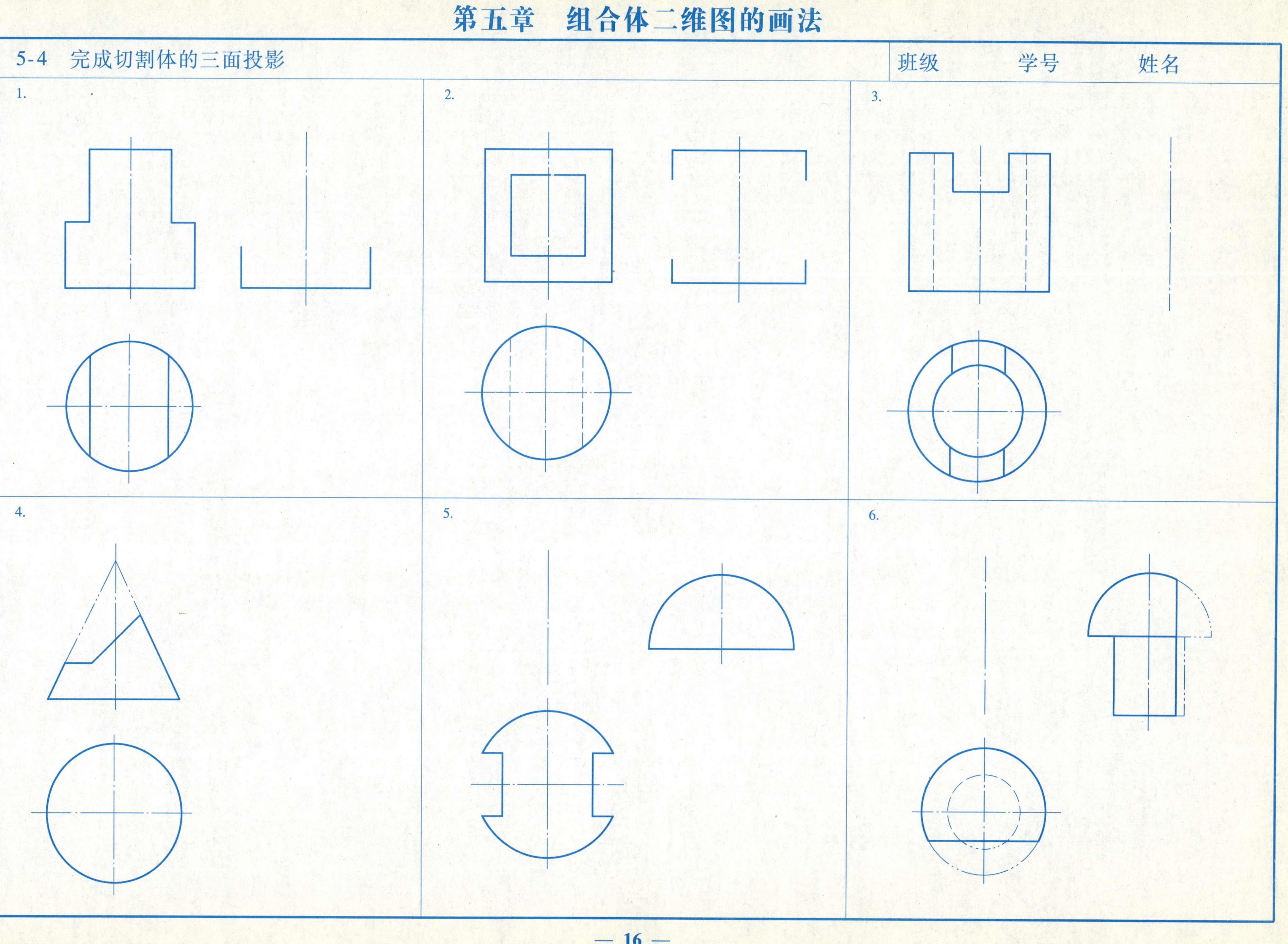

5-5　求相贯线的投影　　班级　　学号　　姓名

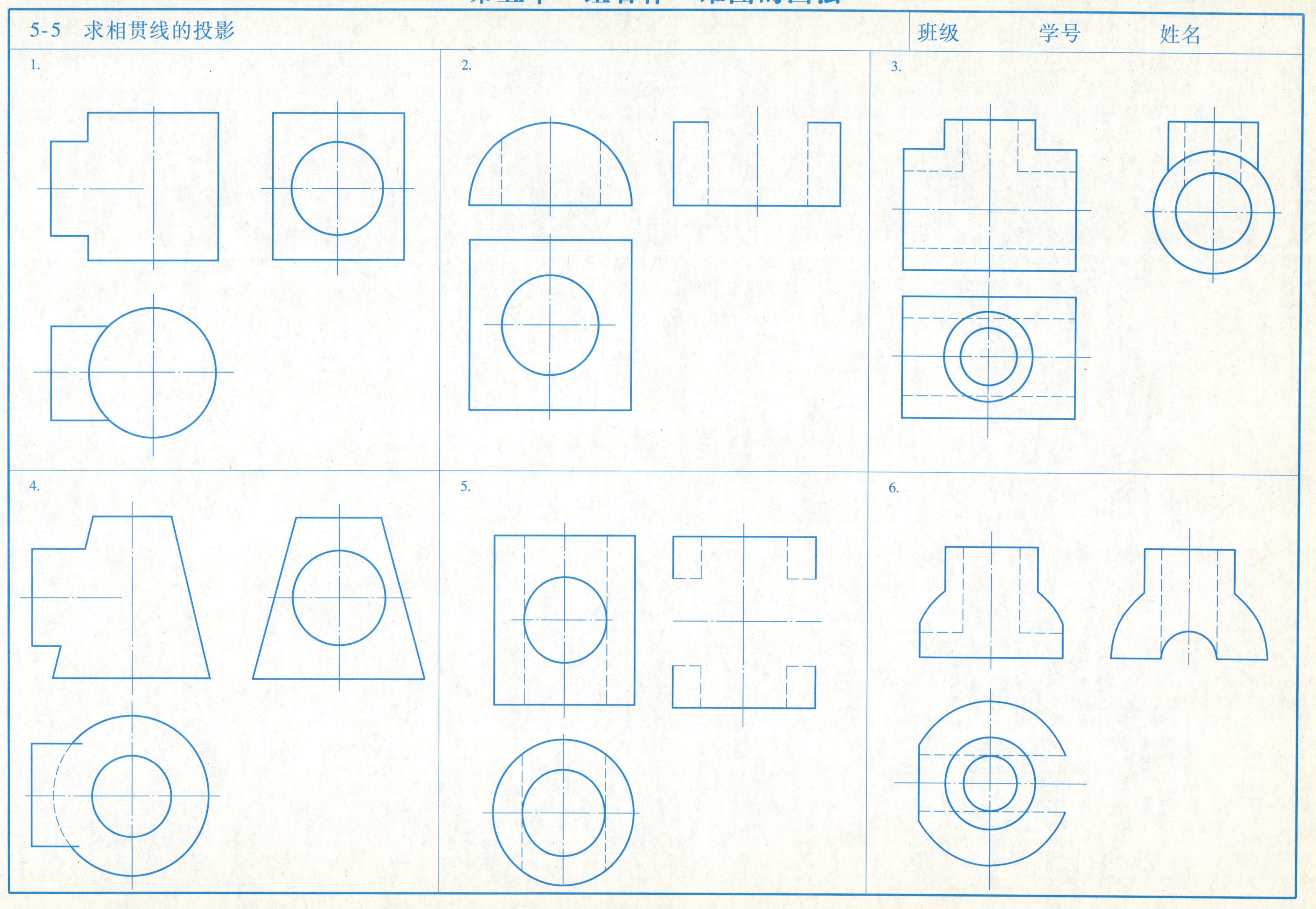

5-6　标注组合体的尺寸（尺寸数值从图中按 1:1 量取，并取整数）

班级　　学号　　姓名

1.

2.

3.

5-7　根据组合体的两视图，补全所缺的尺寸

1. 注全立体所缺的尺寸（13 个）。

2. 注全立体所缺的尺寸（10 个）。

3. 注全立体所缺的尺寸（12 个）。

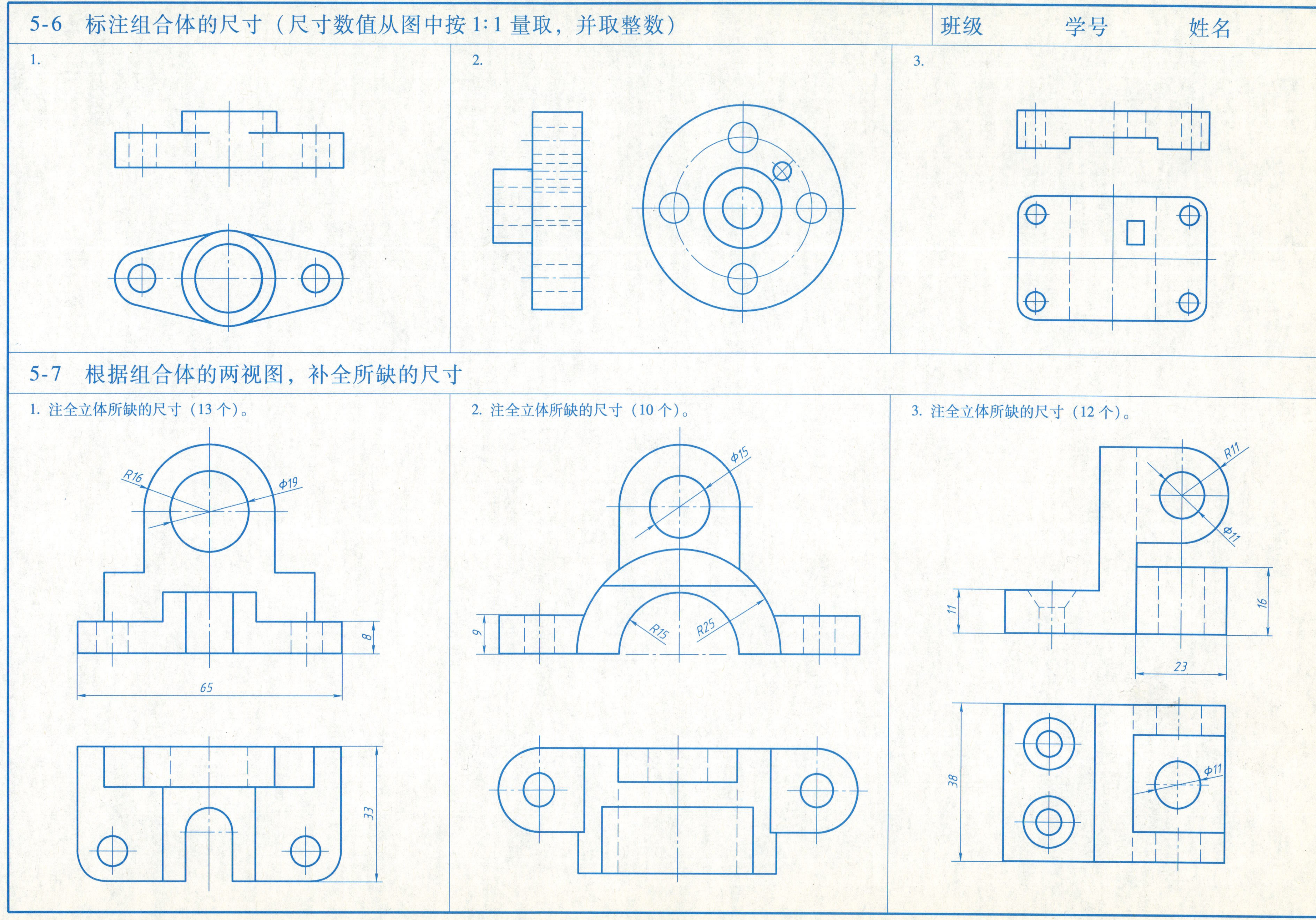

5-8　根据轴测图，画出三视图，并标注尺寸（用 A3 幅面图纸按 1:1 比例）

班级　　　　学号　　　　姓名

作业指导

一、作业名称及内容

图名：组合体。根据右边的轴测图任选两题，绘制组合体的三视图，并标注尺寸。

二、练习目的

1）学会运用形体分析法绘制组合体的三视图和标注尺寸。

2）培养读轴测图的能力。

三、作业提示

1）用 A3 幅面图纸横放，按 1:1 比例绘图。

2）画图前应分析组合体由哪些基本形体组成及各形体间相互位置和组合关系。

3）选择最能反映组合体形状特征的方向为主视图的投射方向。

4）布图时，三视图之间要留有足够的空间标注尺寸，经周密计算后便可画出个视图的定位线（对称线或基准线）。

5）画图时应将图纸固定在图板上，用丁字尺、三角板和绘图仪器配合使用，以提高绘图速度和准确度。

6）标注尺寸时，不要照搬轴测图上的尺寸，应以尺寸齐全、注法正确、配置适当为原则，重新考虑视图的尺寸配置。

1.

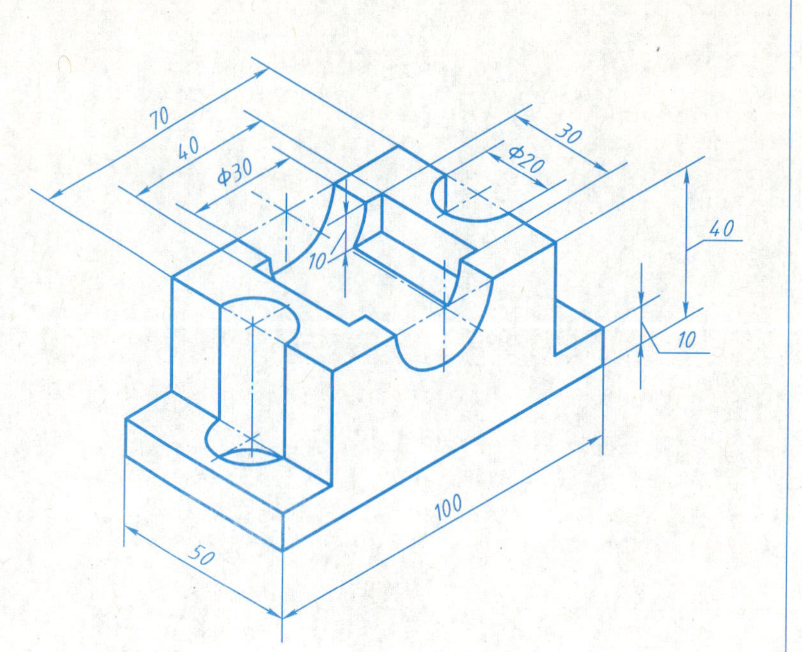

2.

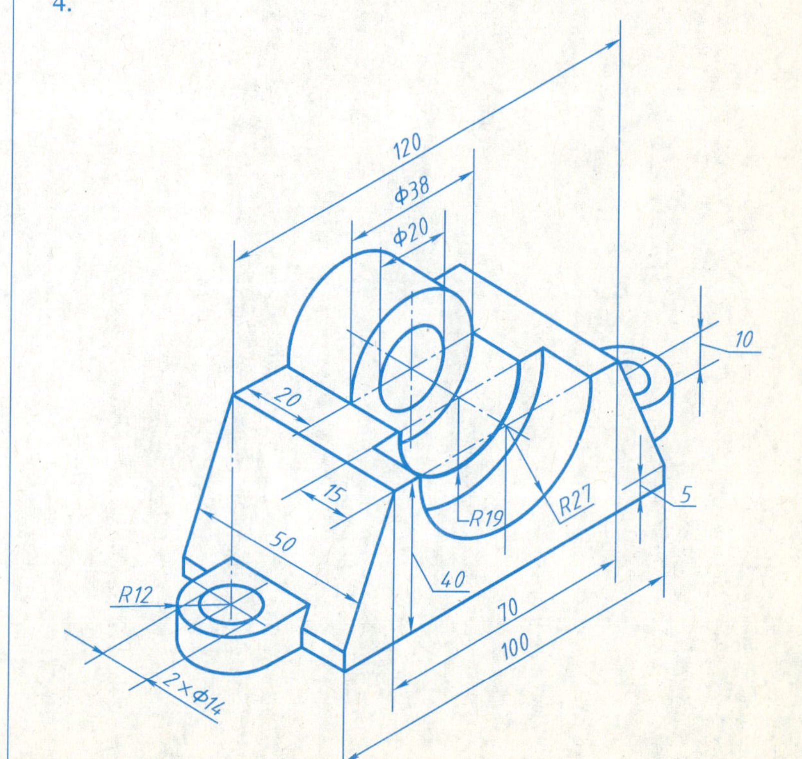

3.

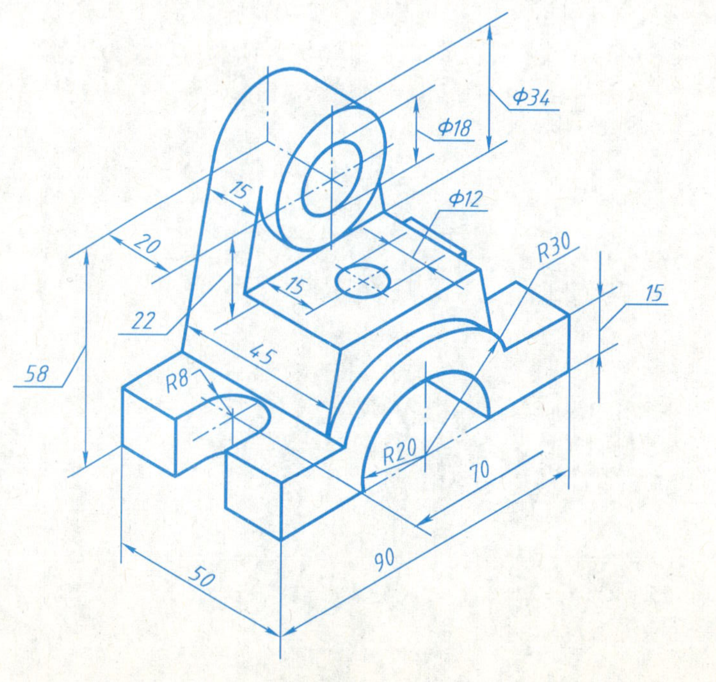

4.

5-9　读懂两视图，补全视图中所缺的图线　　班级　　学号　　姓名

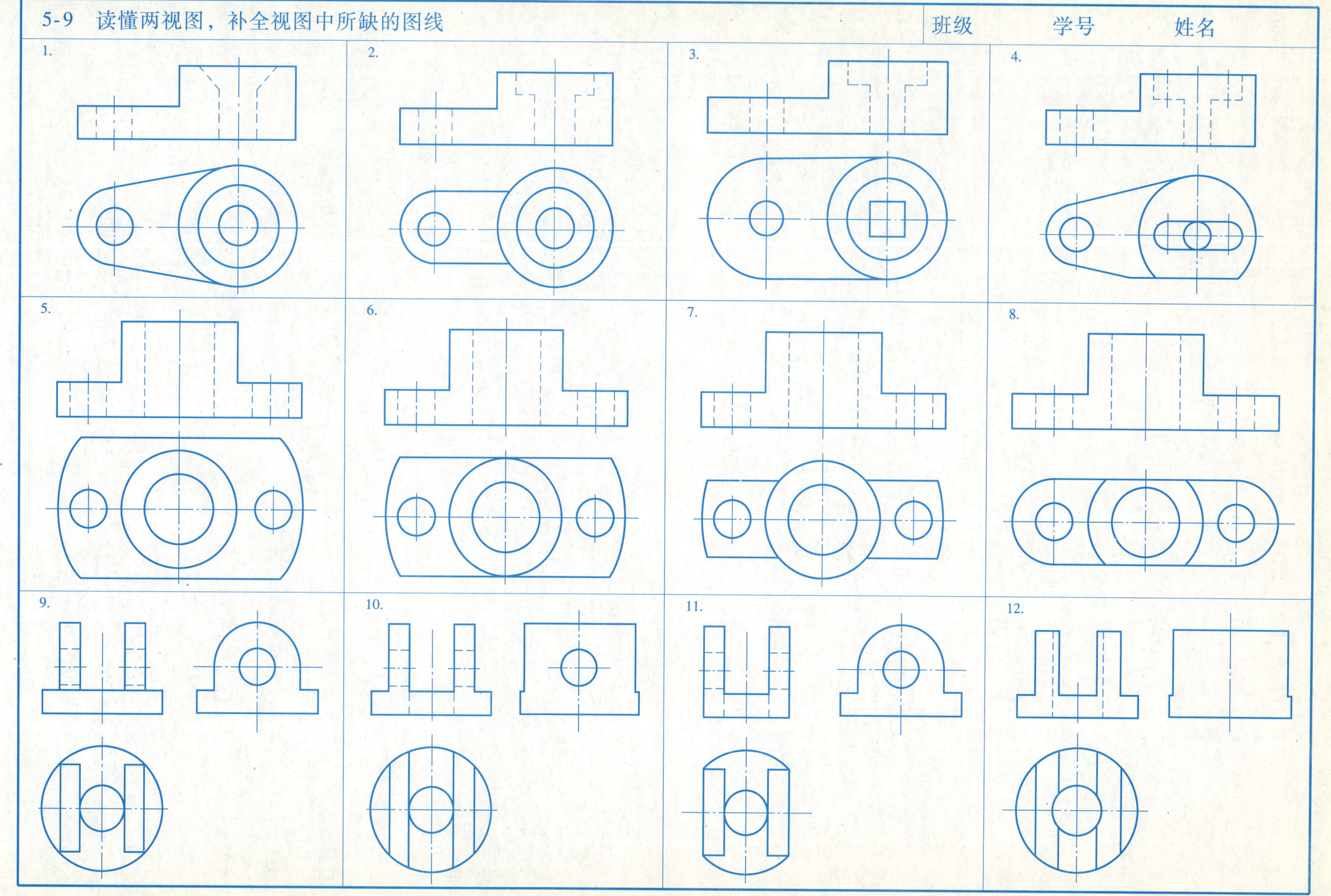

5-10　读懂三视图，想出物体形状，补画第三视图或视图中所缺的图线　　班级　　学号　　姓名

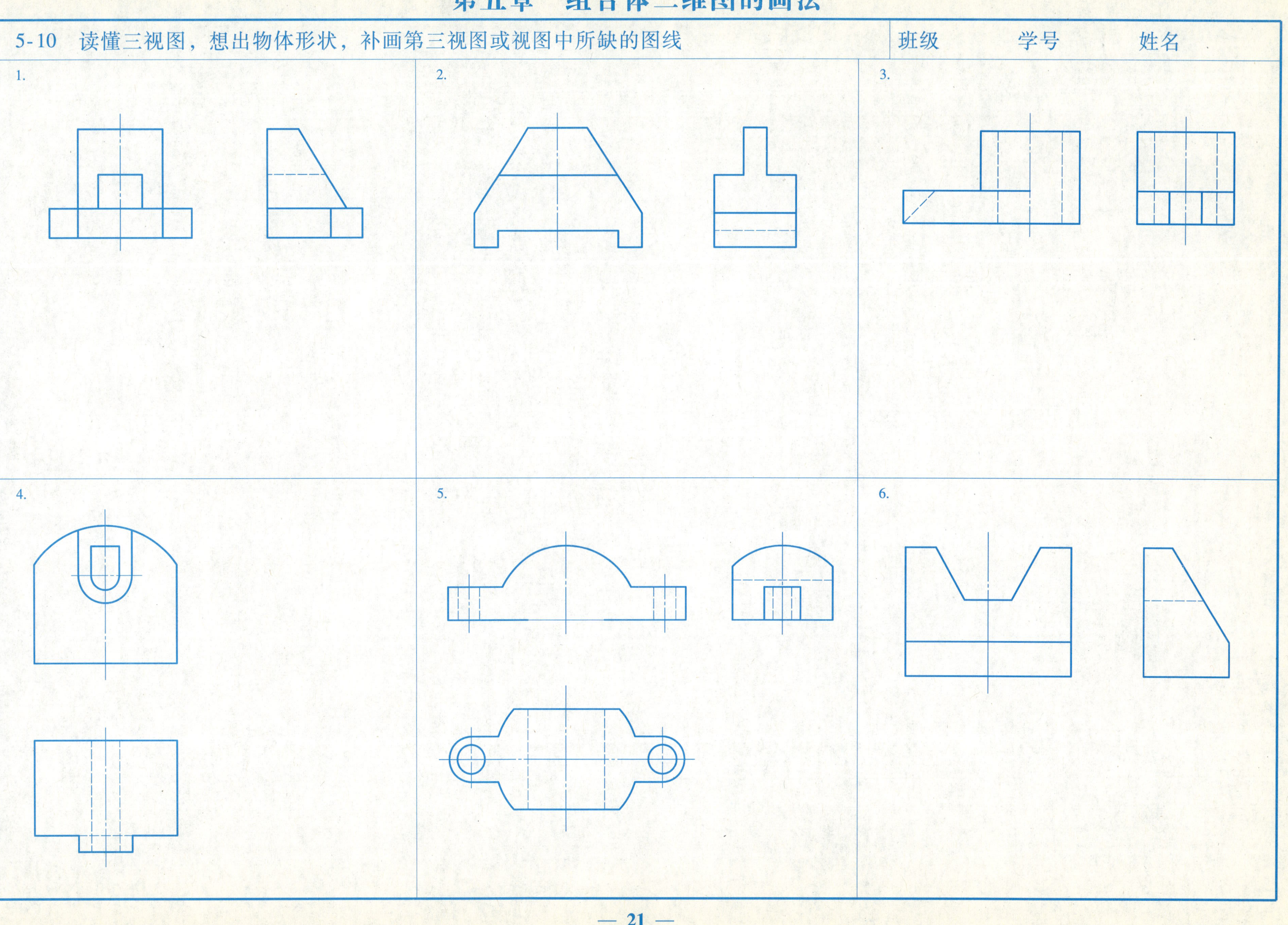

5-11　读懂两视图，想出物体形状，补画第三视图　　班级　　学号　　姓名

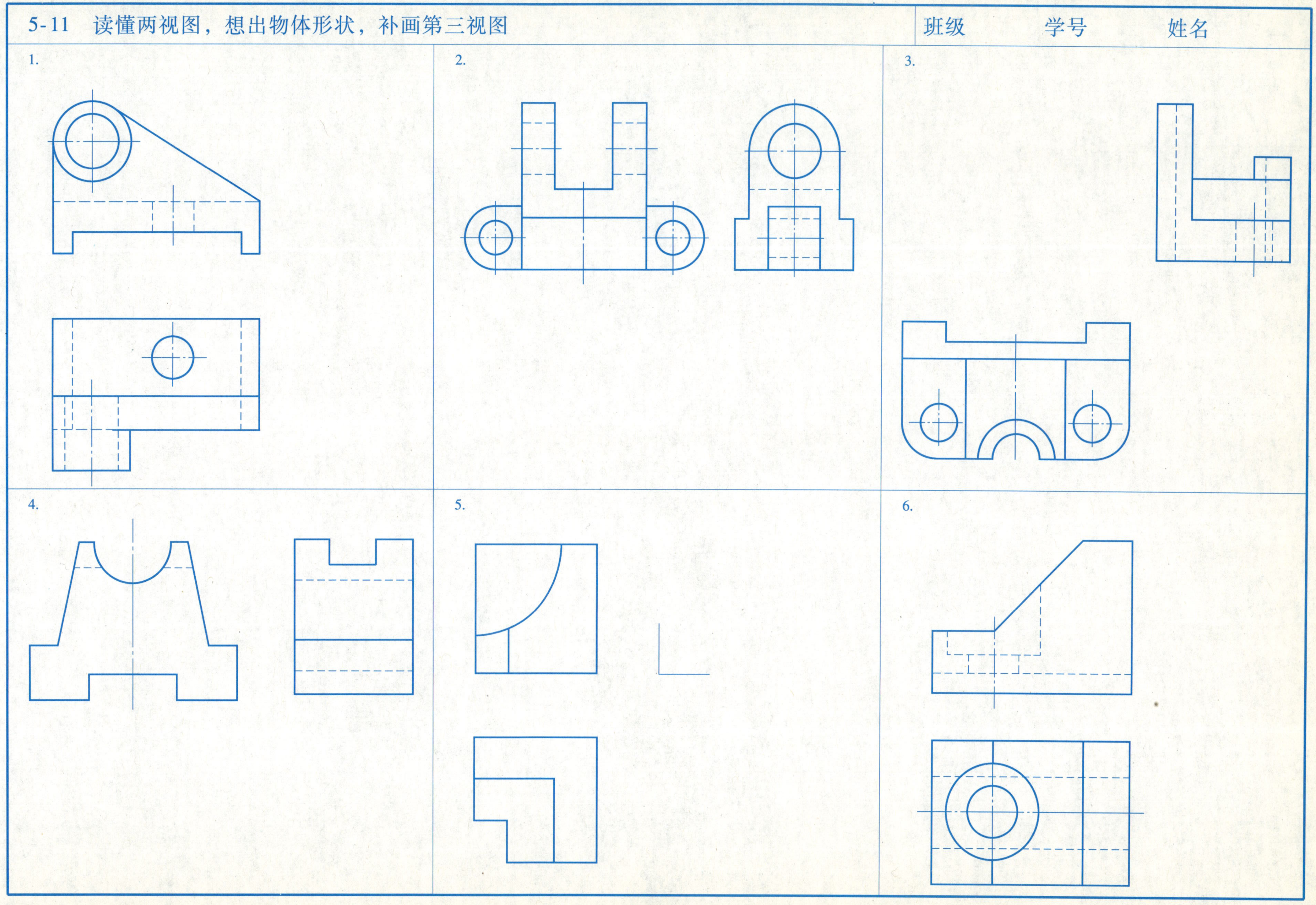

5-11　读懂两视图，想出物体形状，补画第三视图

班级　　　学号　　　姓名

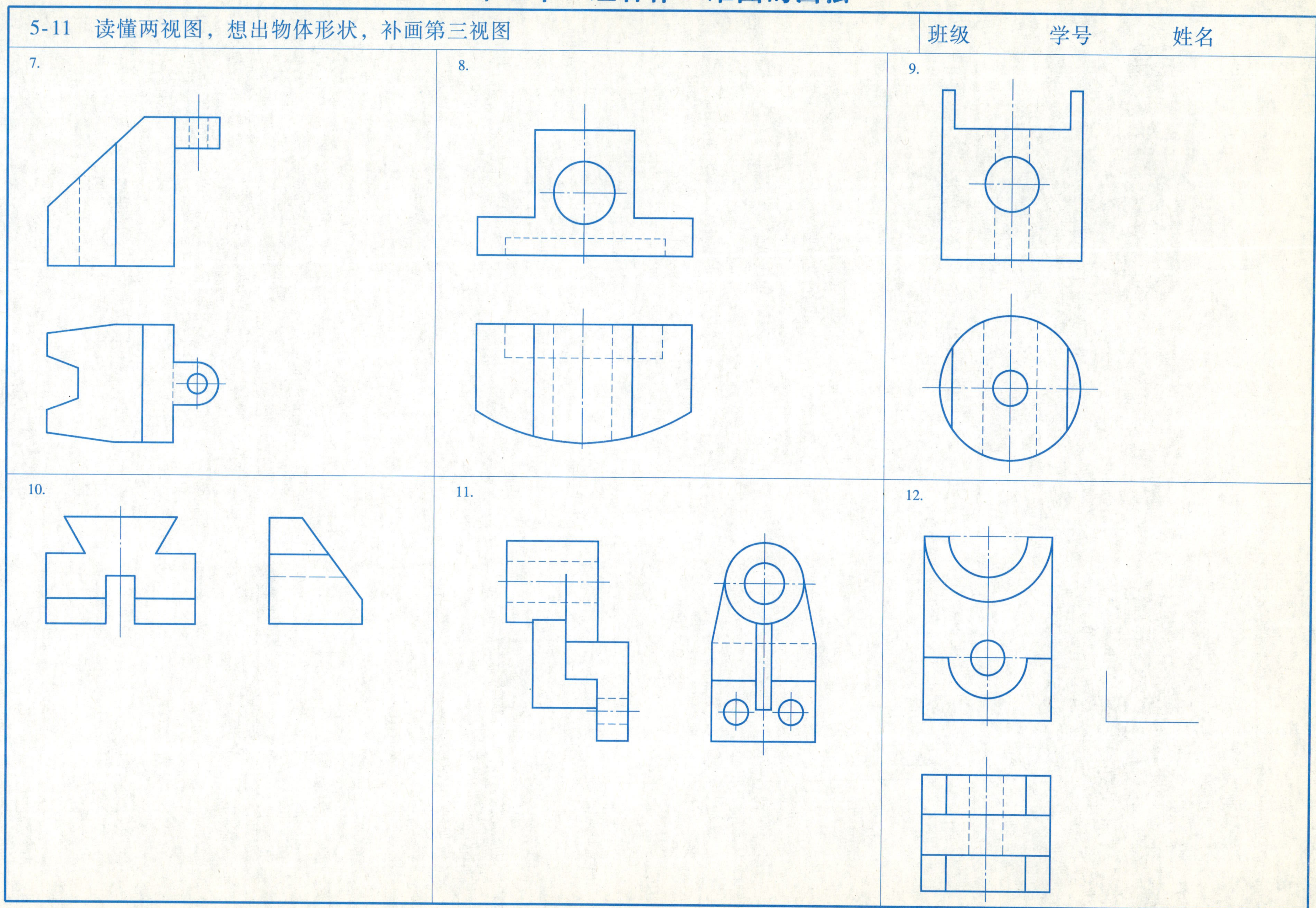

5-12　根据所给视图，补画出第三视图　　　　班级　　　　学号　　　　姓名

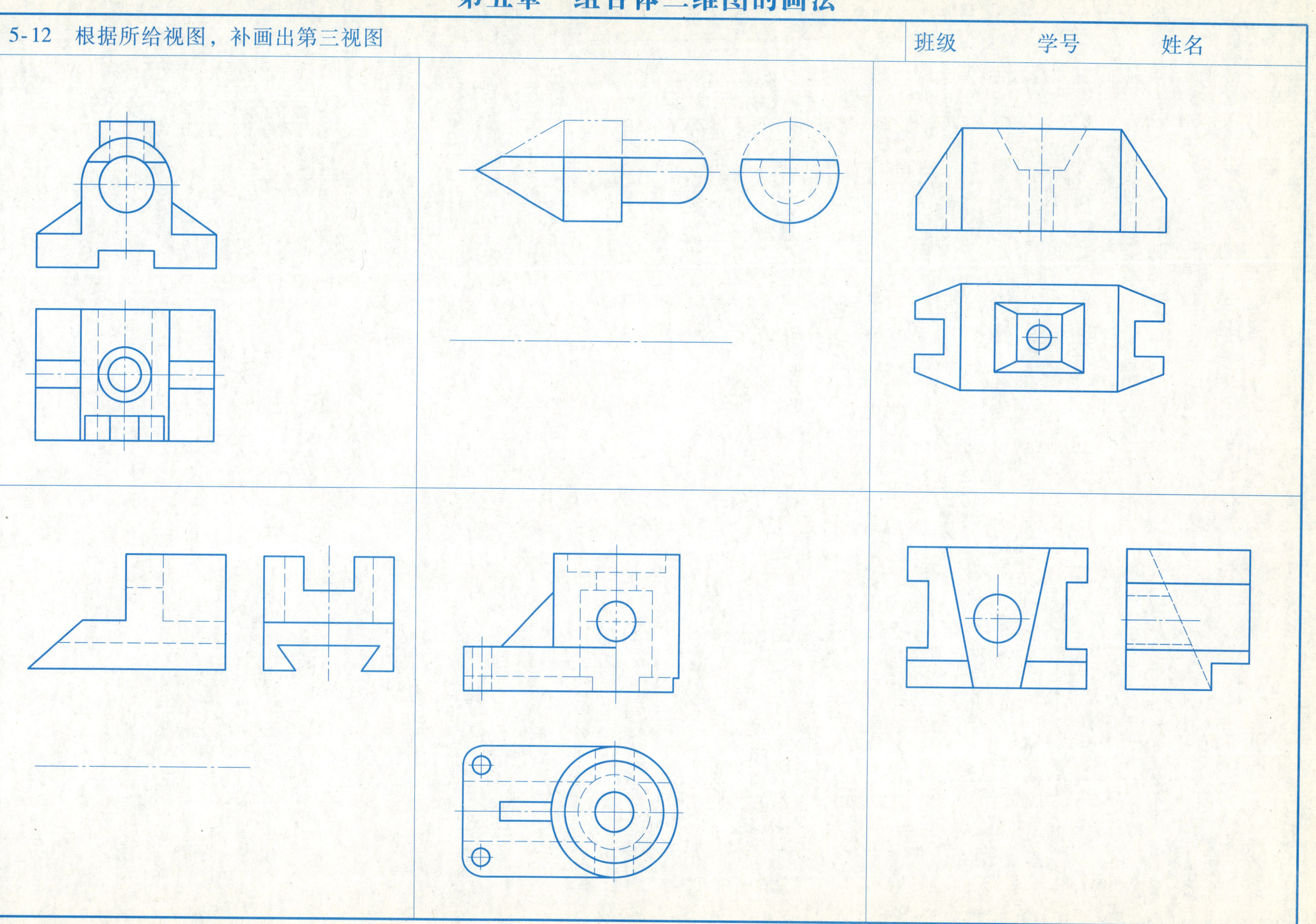

6-1　视图

班级　　学号　　姓名

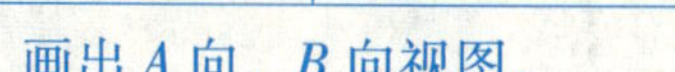

1. 依据主、俯视图，画出其余四个基本视图。

2. 依据主、俯视图，画出左视图，画出 *A* 向和 *B* 向视图。

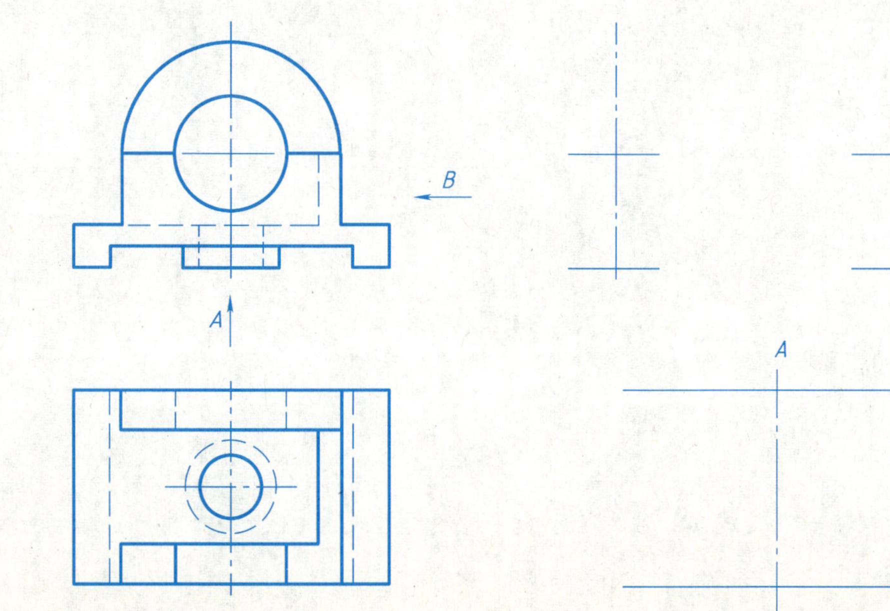

3. 画出 *A* 向、*B* 向视图。

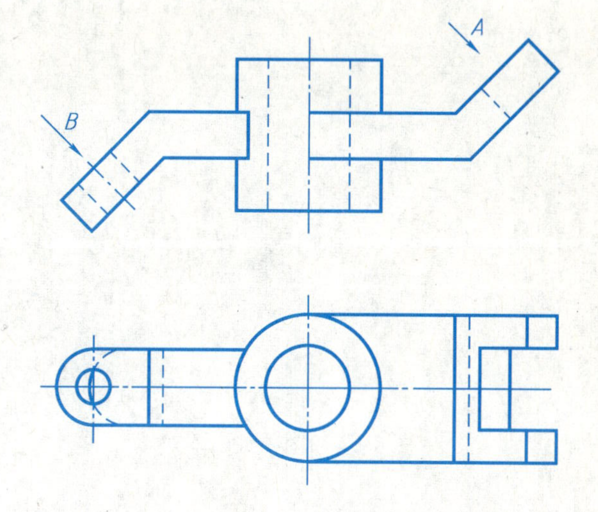

4. 在指定的位置画出 *A* 向斜视图、*B* 向局部视图。

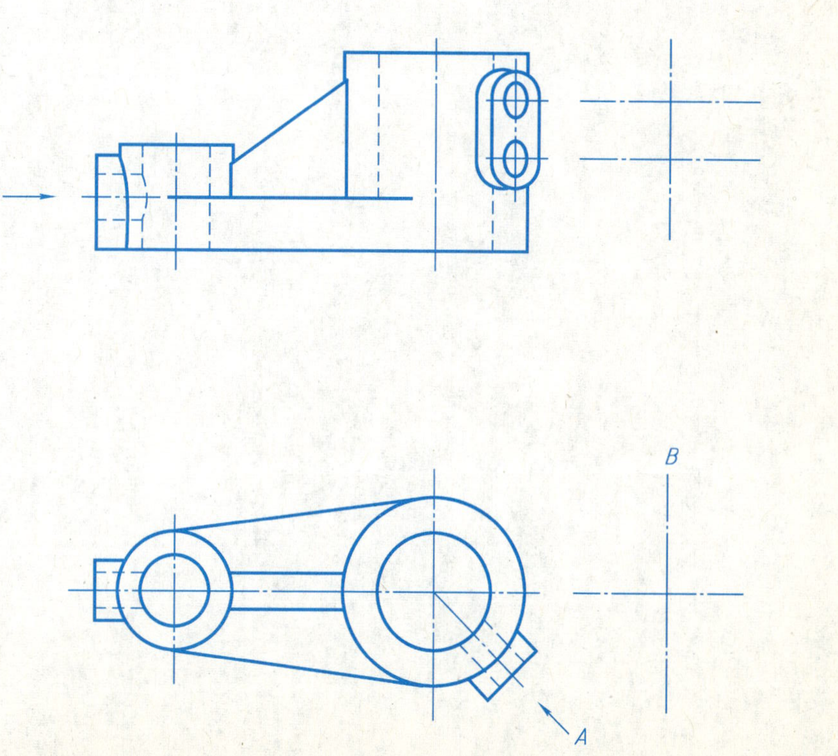

6-2　剖视图

班级　　　学号　　　姓名

1. 补画剖视图中所缺的轮廓线及剖面线。

2. 改正下列全剖视图中的错误（补上漏线，多余的线打“×”）。

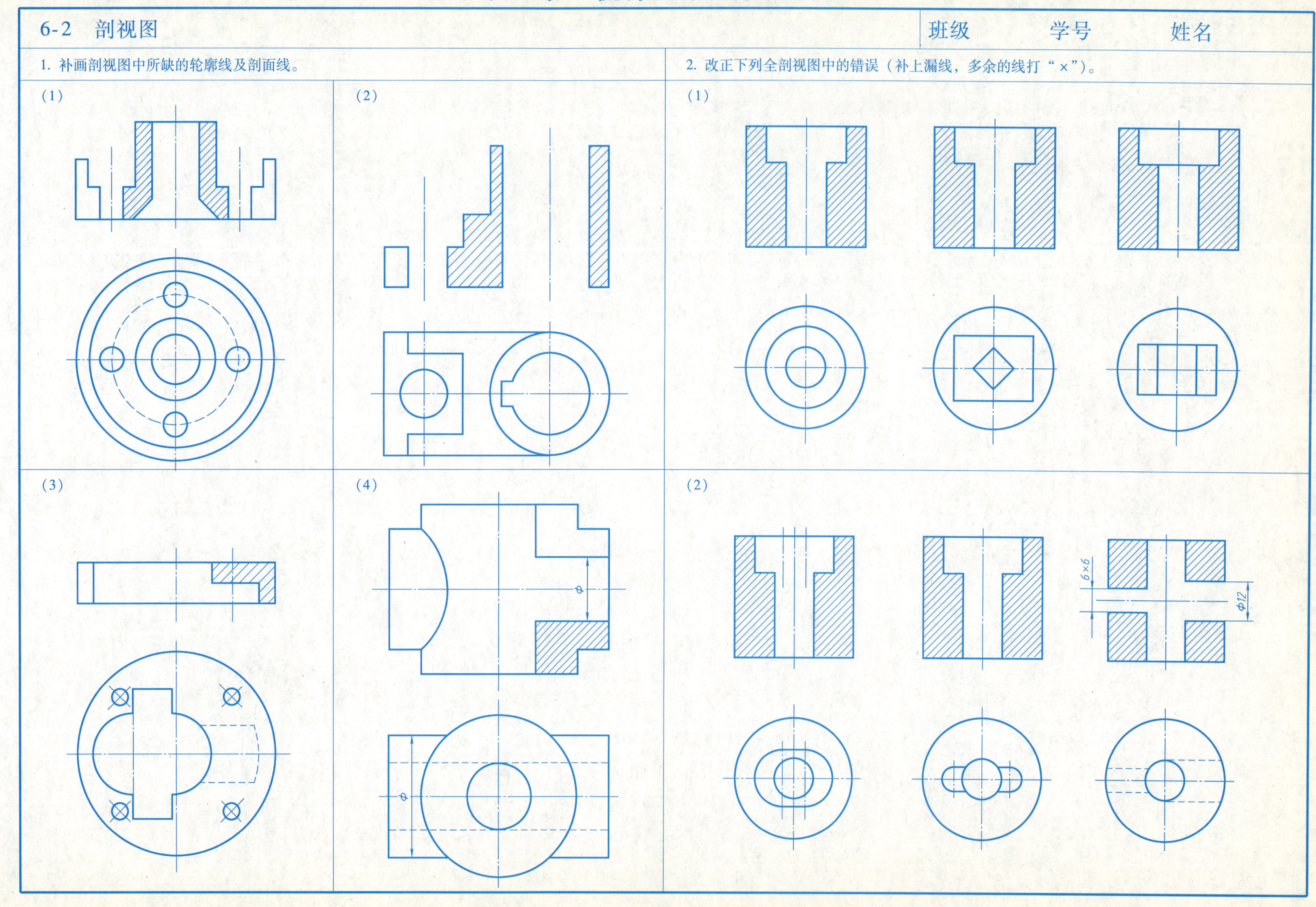

6-2　剖视图　　班级　　学号　　姓名

3. 将主视图改画成合适的剖视图。

(1)

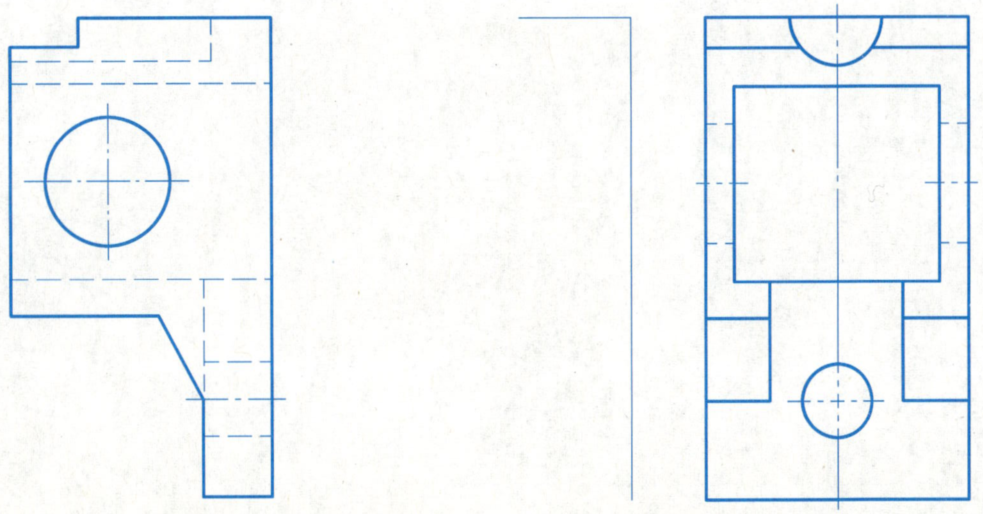

(2)

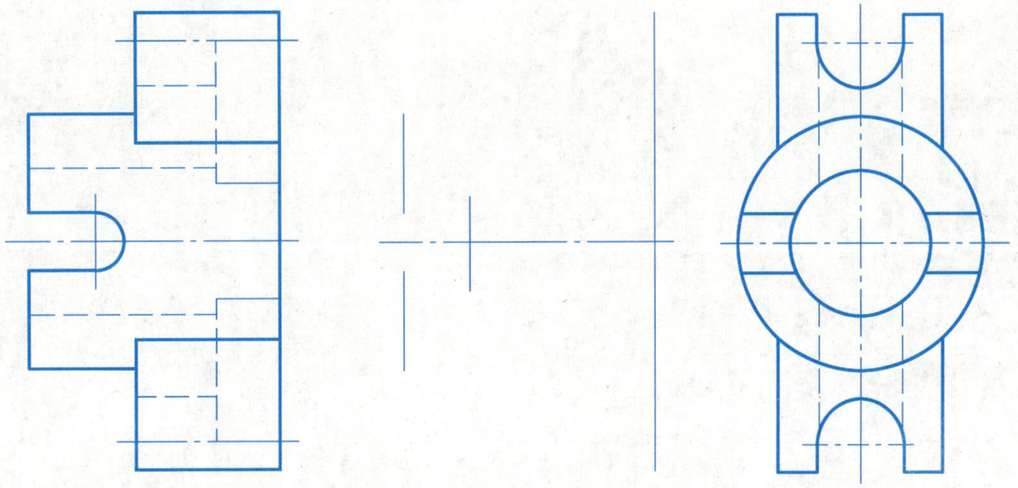

4. 将主视图改画成半剖视图或全剖视图，将左视图画成合适的剖视图。

6-2 剖视图　　班级　　学号　　姓名

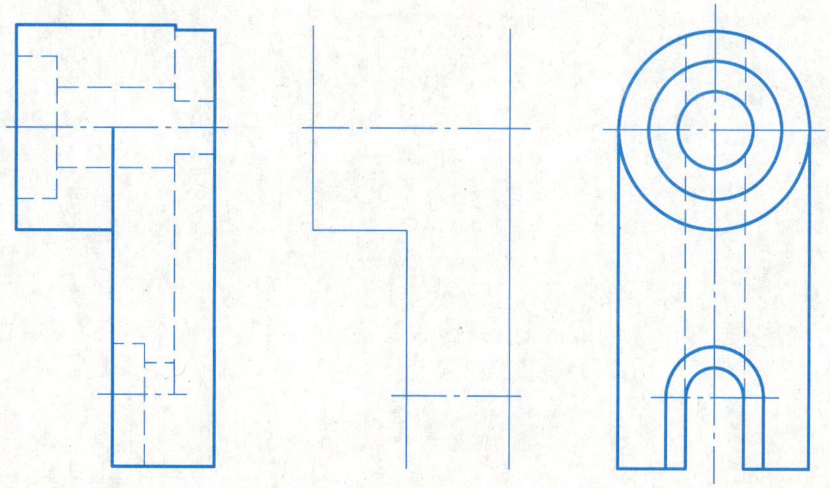

6. 将主视图改画成合适的剖视图。

5. 将主视图画成全剖视图。

7. 在指定位置将主视图改画成半剖视图，左视图和俯视图画成全剖视图（剖切面位置在 $A—A$ 处）。

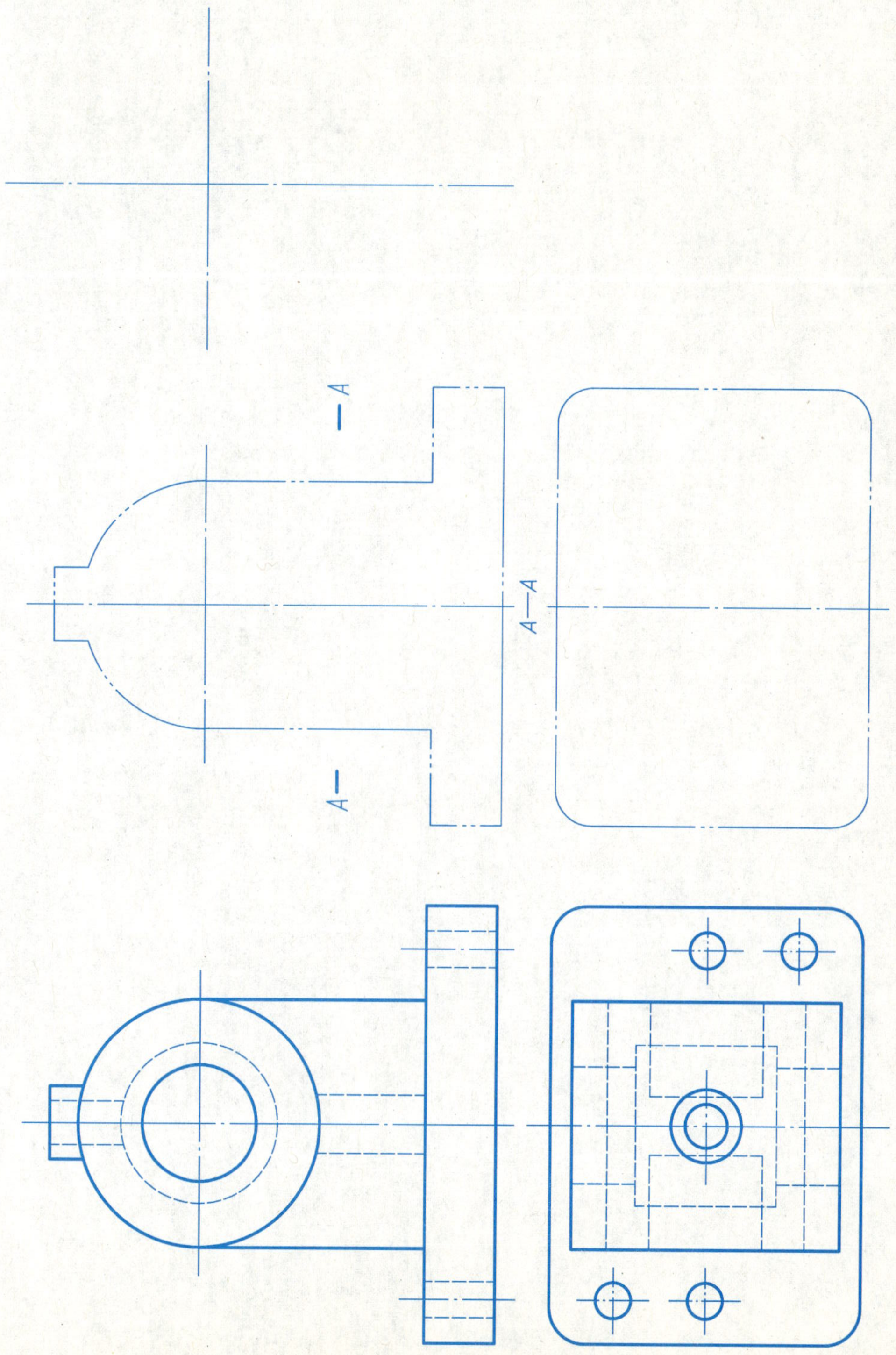

A—A

6-2　剖视图　　班级　　学号　　姓名

8. 画出正确的局部剖视图（画在细实线框内）。

9. 将轴的俯视图作局部剖视图（画在细实线框内）。

10. 将主、俯视图改画成局部剖视图（画在指定位置）。

11. 画出 *A—A*、*B—B* 的剖视图（画在指定位置处）。

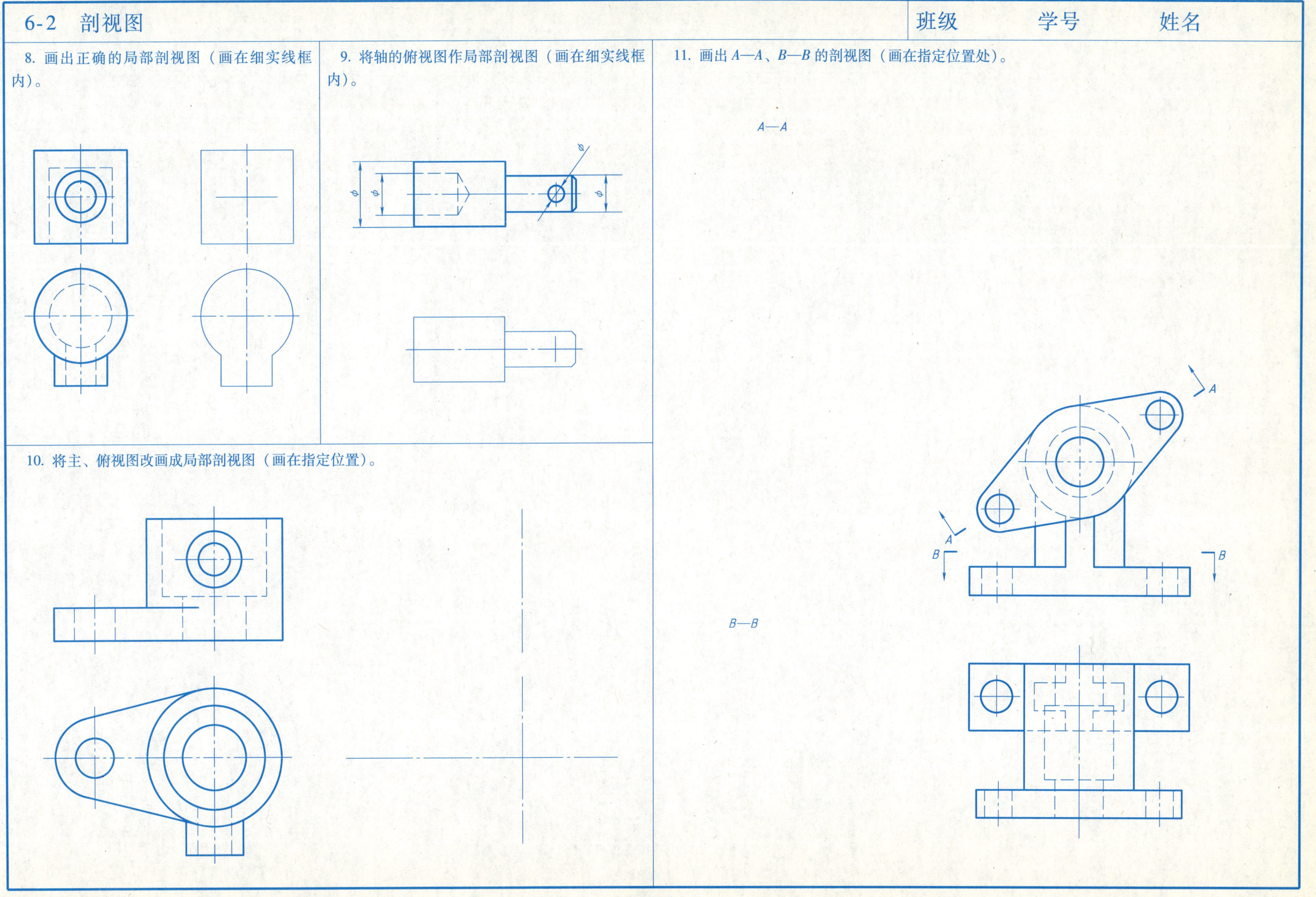

6-2　剖视图　　　　班级　　　　学号　　　　姓名

12. 利用两个相交的剖切面剖开机件，并画出全剖视图。

13. 将主视图作恰当的剖视（画在指定位置处）。

14. 将主视图作恰当的剖视（画在指定位置处）。

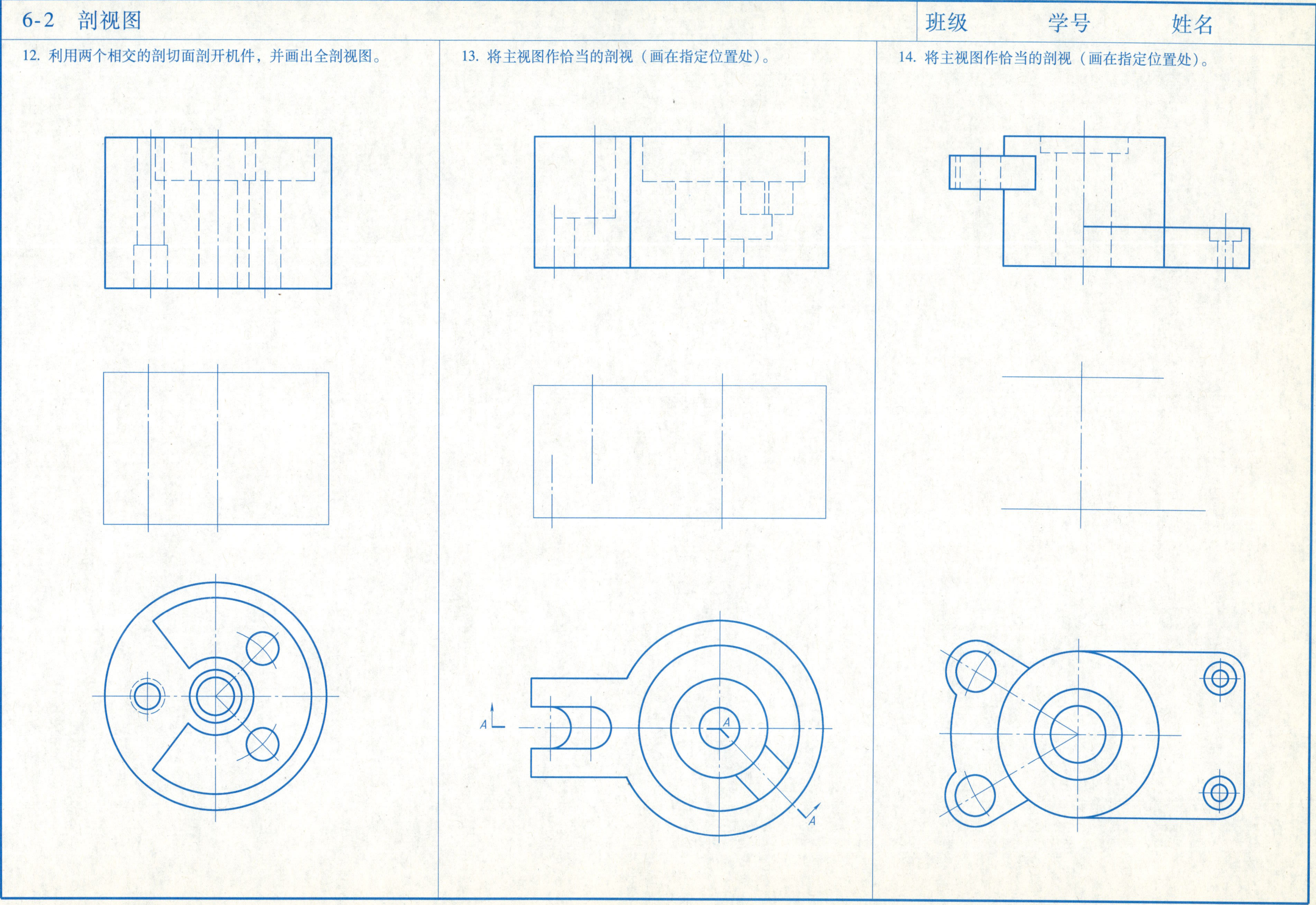

6-2　剖视图　　班级　　学号　　姓名

15. 用适当剖切方法画出主视图，并标注剖切符号、投射方向和剖视图名称。

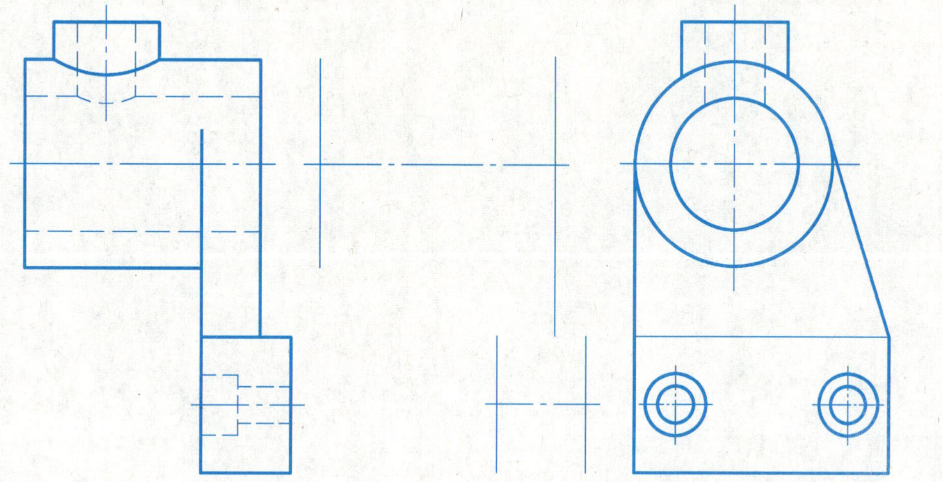

(1)

(2)

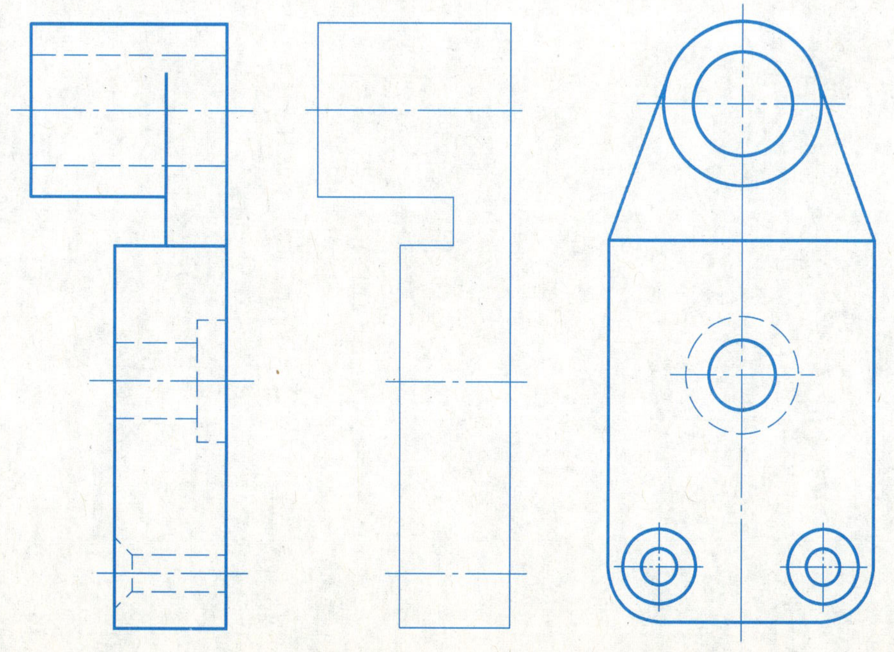

16. 将主视图改画成半剖视图或全剖视图，将左视图画成合适的剖视图。

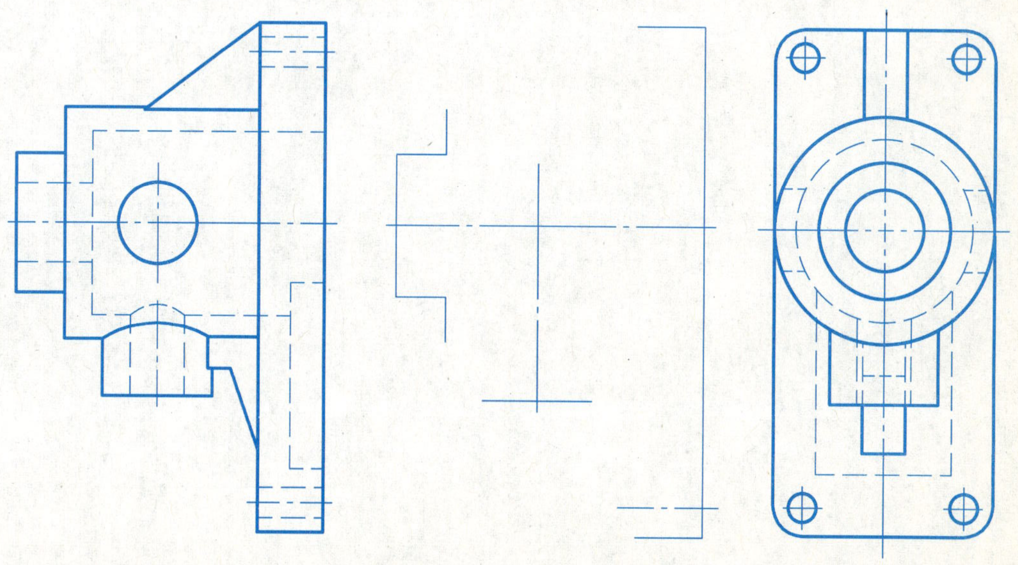

6-3　断面图及其简化画法

班级　　　　学号　　　　姓名

1. 作出轴上平面（前后对称）、键槽、通孔处的移出断面图。

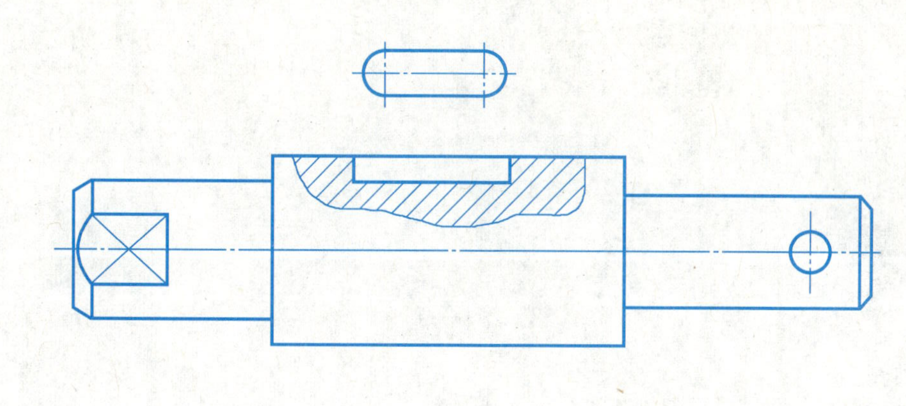

2. 在指定位置作移出断面图。

3. 将剖视图按正确画法画在右侧。

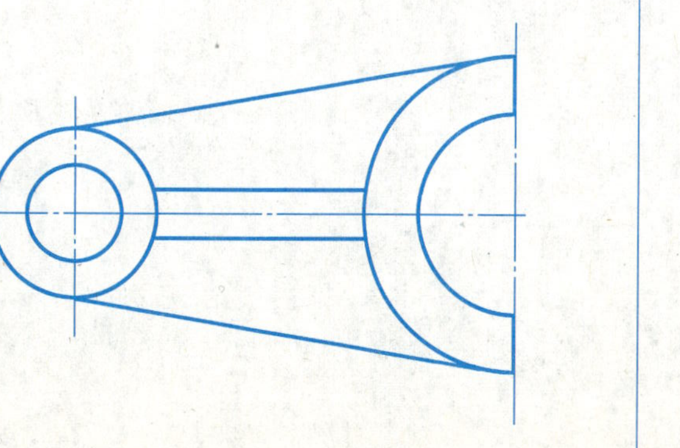

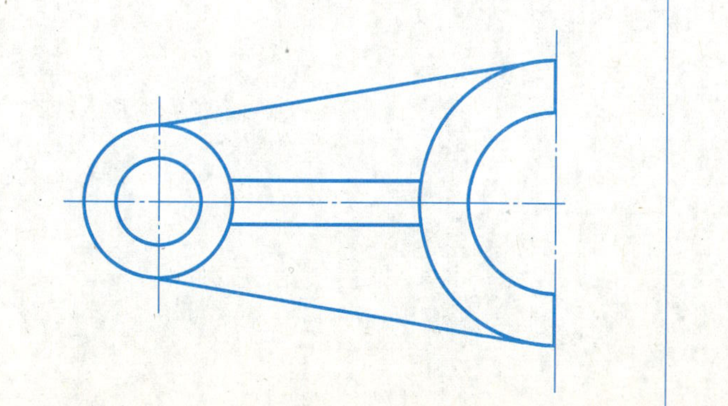

4. 将主视图在右侧画成全剖视图。

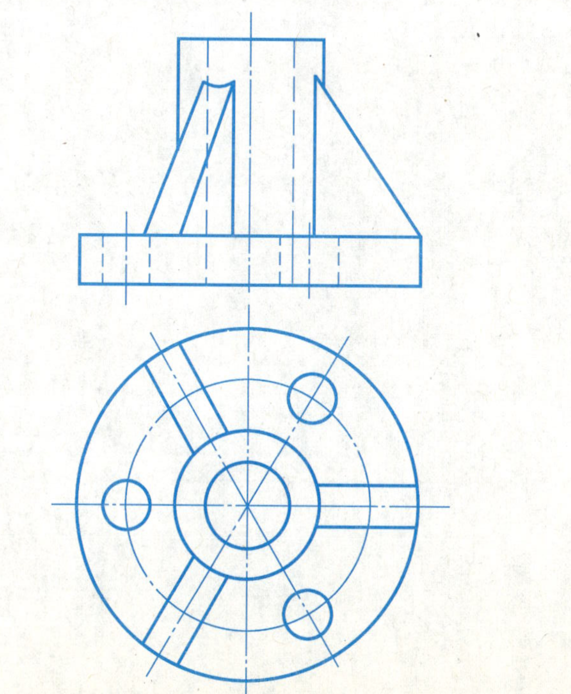

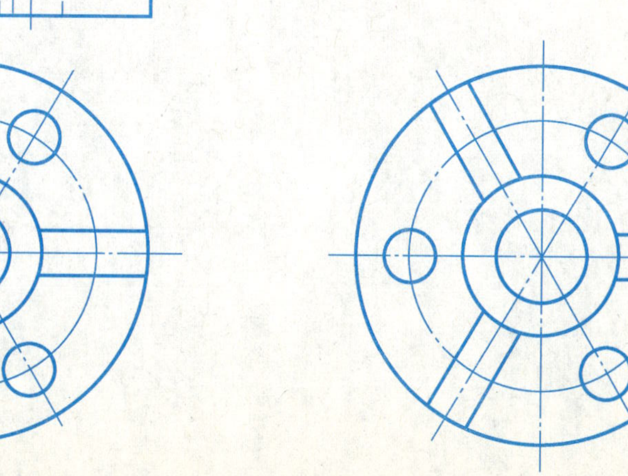

6-4　表达方法应用

班级　　　　学号　　　　姓名

1. 选择合适的剖切方法，补画左视图，并补标遗漏的尺寸（从图中按 1:1 量取，并取整数）。

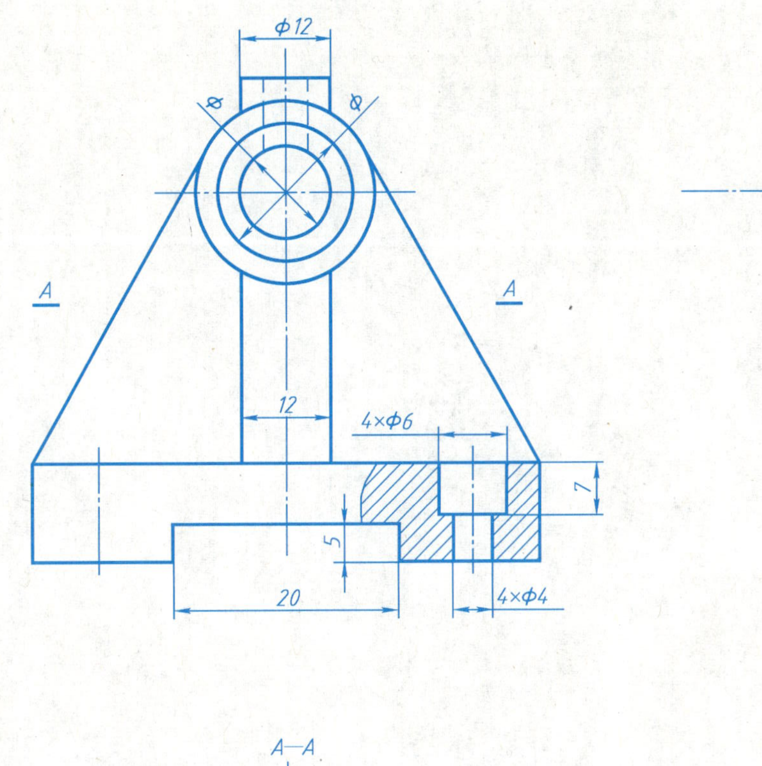

A—A

2. 根据给定的视图在 A3 图纸上用 1:1 比例画出机件的剖视图和其他视图。

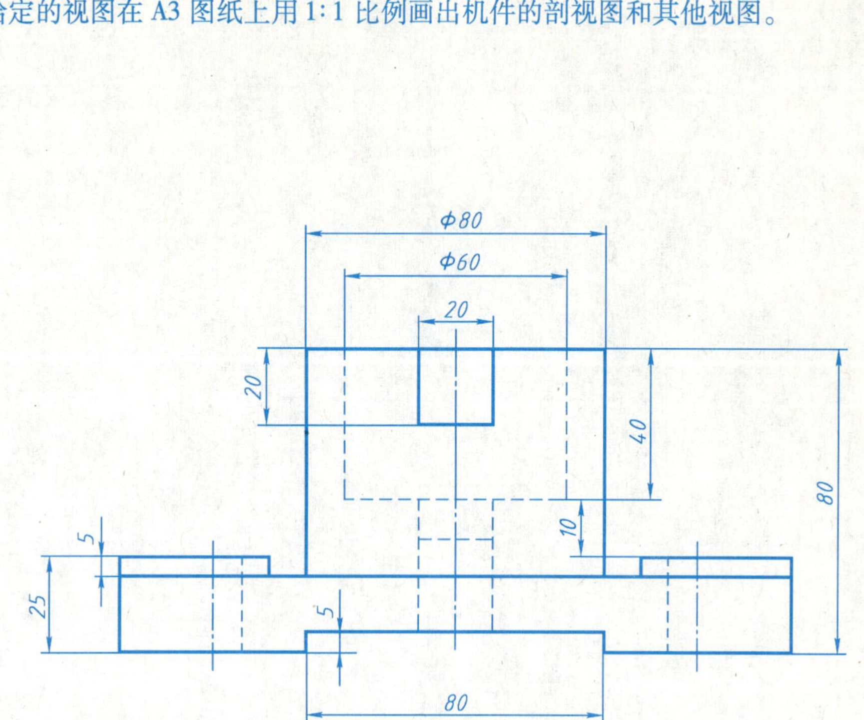

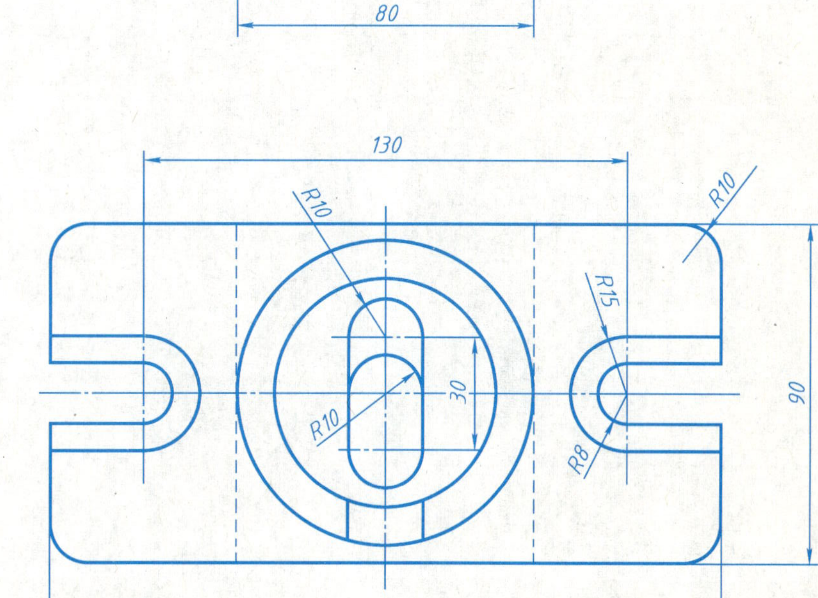

7-1　分析下列螺纹及其联接画法的错误，在指定处画出正确的视图　　班级　　学号　　姓名

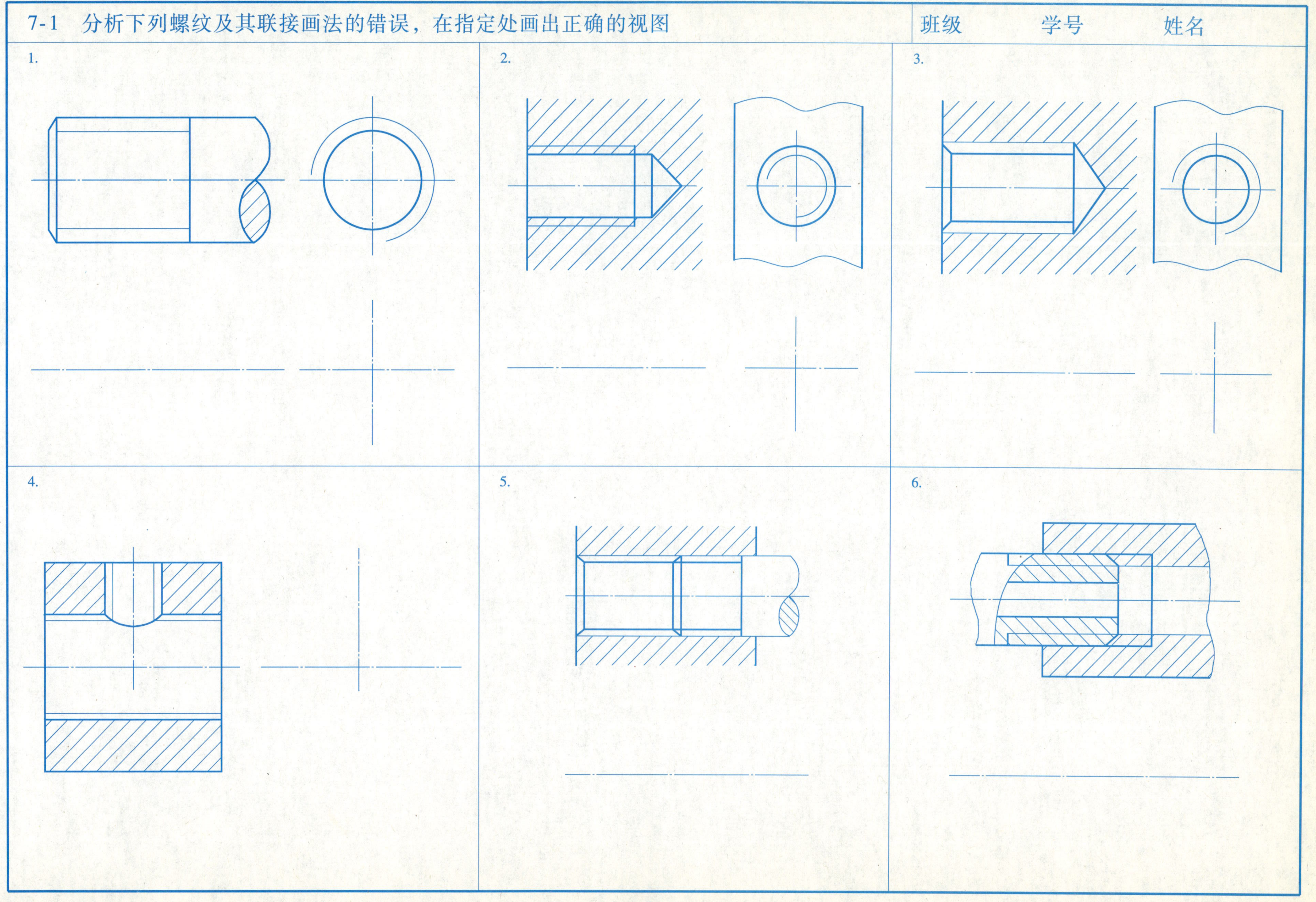

班级　　　　学号　　　　姓名

7-2　在下列图中标注螺纹的规定代号

1. 粗牙普通螺纹，公称直径20mm，螺距2.5mm，中径和顶径公差带代号7H，长旋合长度，右旋。

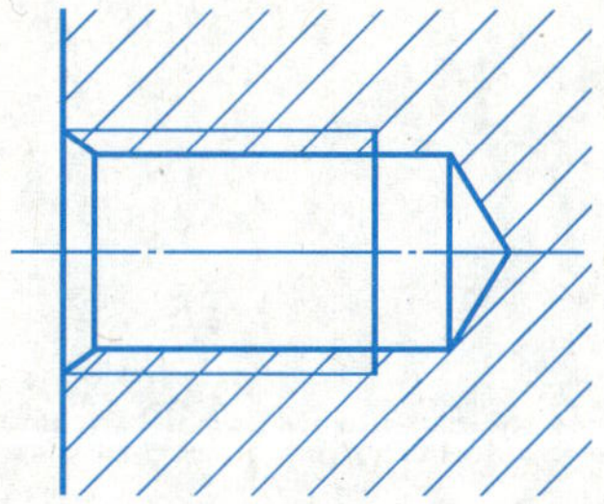

2. 细牙普通螺纹，大径20mm，螺距1.5mm，中径和顶径公差带代号6h，中等旋合长度，左旋。

3. 梯形螺纹，公称直径24mm，导程10mm，双线，左旋，中径公差带代号7e，中等旋合长度。

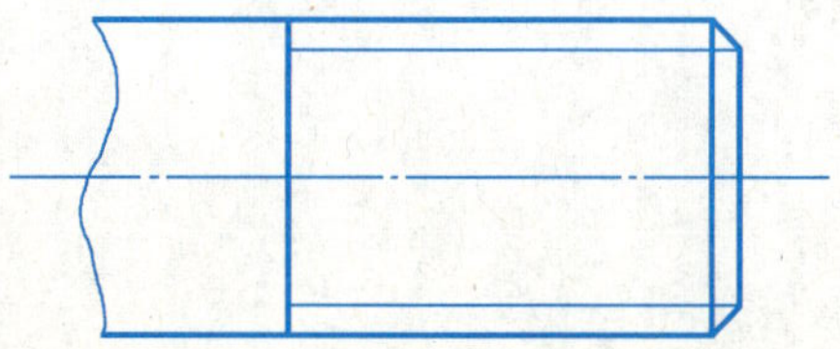

7-3　查表标注下列紧固件的尺寸及规定标记

1. 六角头螺栓，螺纹规格 M12，公称长度 $l = 40$mm（GB/T 5782—2000）。

标记：________________

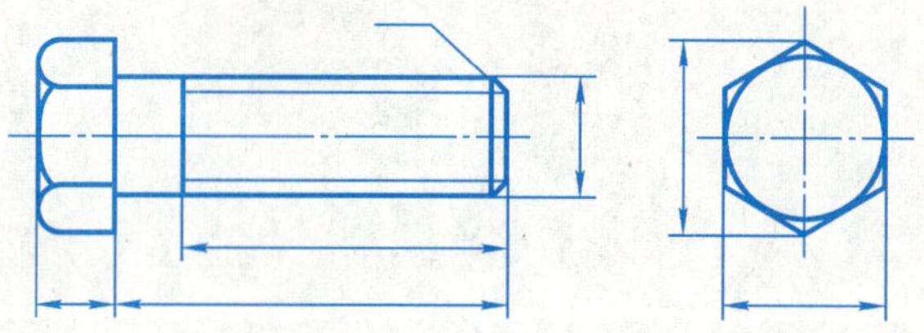

2. 双头螺柱，螺纹规格 M12（GB/T 898—1988）。

标记：________________

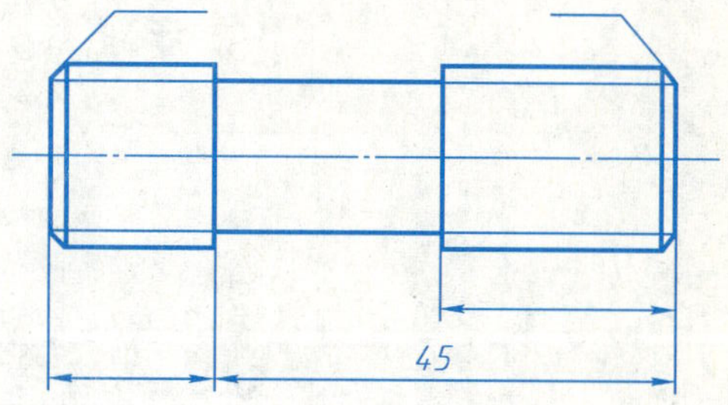

45

3. 开槽盘头螺钉，螺纹规格 M10，公称长度 $l = 40$mm（GB/ T 67—2000）。

标记：________________

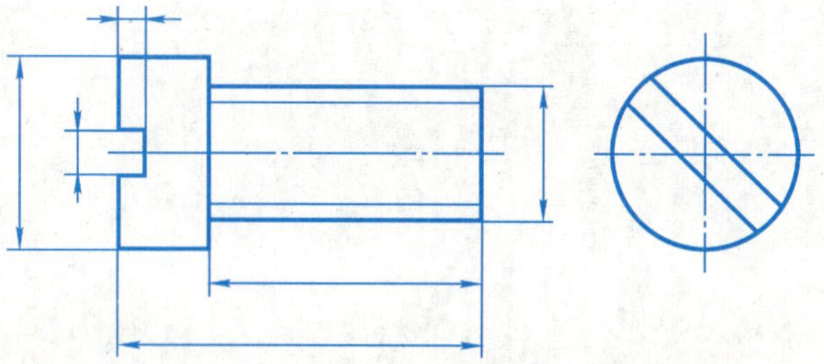

4. 开槽沉头螺钉，螺纹规格 M10，公称长度 $l = 30$mm（GB/T 68—2000）。

标记：________________

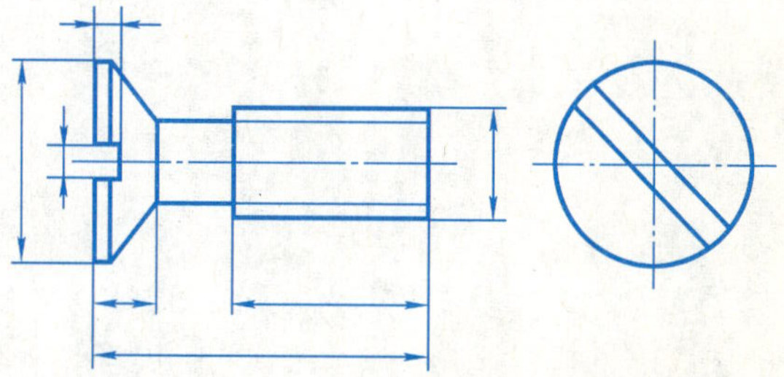

7-4　指出下列图中的错误，并在旁边画出正确的联接图

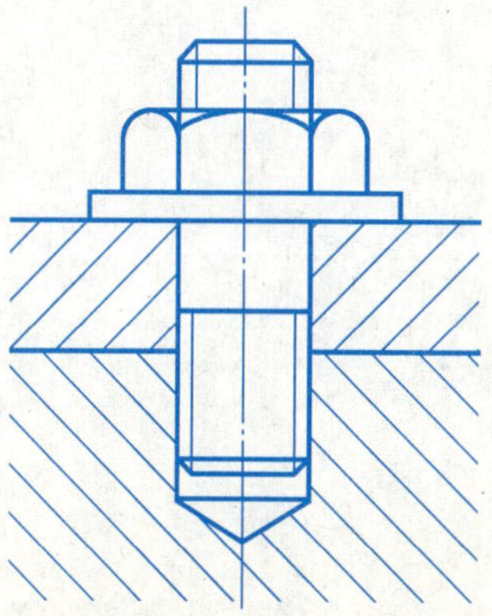

7-5　螺纹紧固件的联接

班级　　　学号　　　姓名

1. 画螺栓联接的三视图（主视图画成全剖视图）。

已知条件：螺栓　GB/ T 5782—2000　M20 × L；

螺母　GB/ T 6170—2000　M20；

垫圈　GB/ T 97. 1—2002　20；

t_1 = 20mm，t_2 = 25mm。

2. 画双头螺柱联接的两视图（主视图画成全剖视图）。

已知条件：螺柱　GB/ T 898—1988　M20 × L；

螺母　GB/ T 6170—2000　M20；

垫圈　GB/ T 97. 1—2002　20；

光孔件厚度 t = 20；

螺孔件材料：铸铁。

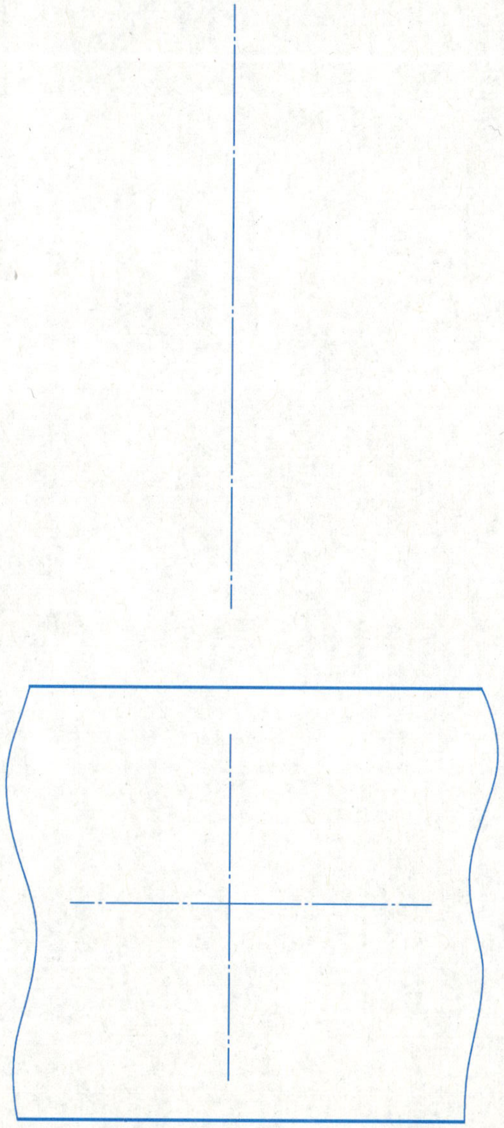

3. 画螺钉联接的两视图（主视图画成全剖视图），比例 2∶1。

已知条件：螺钉　GB/T 68—2000　M8 × L；

光孔件厚度 t = 15；

螺孔件材料：铸铁。

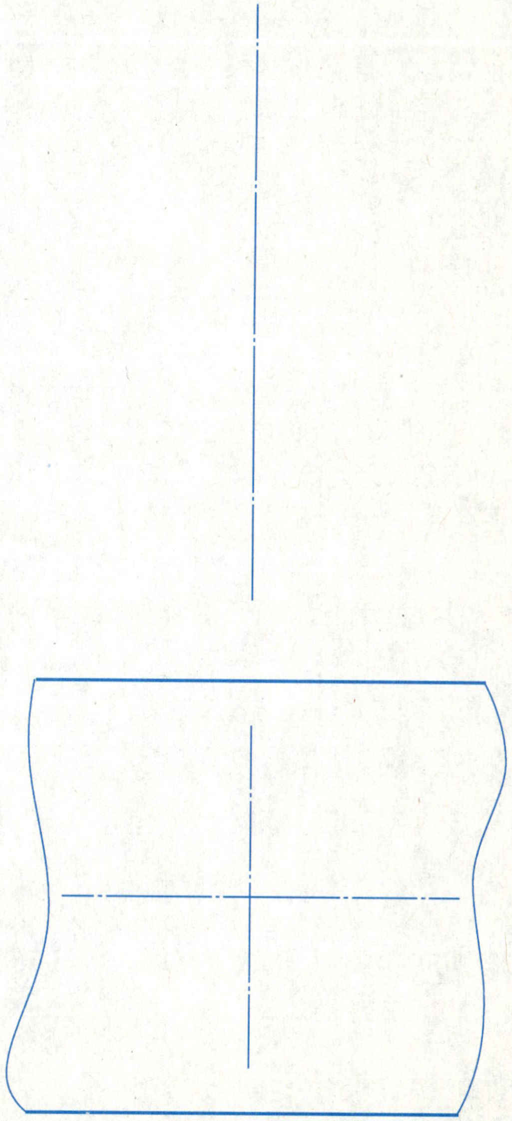

7-6　根据轴径查表完成各视图

班级　　　　学号　　　　姓名

1. 分别画出轴上和轮孔上的键槽，并标注尺寸。

2. 绘制出键联接图。

7-7　完成销联接的视图和标记

1. 画出 $d=6$，A 型圆锥销联接图，写出该销的标记。

标记：________

2. 画出 $d=8\text{mm}$，公差为 m6，圆柱销联接图，写出该销的标记。

标记：________

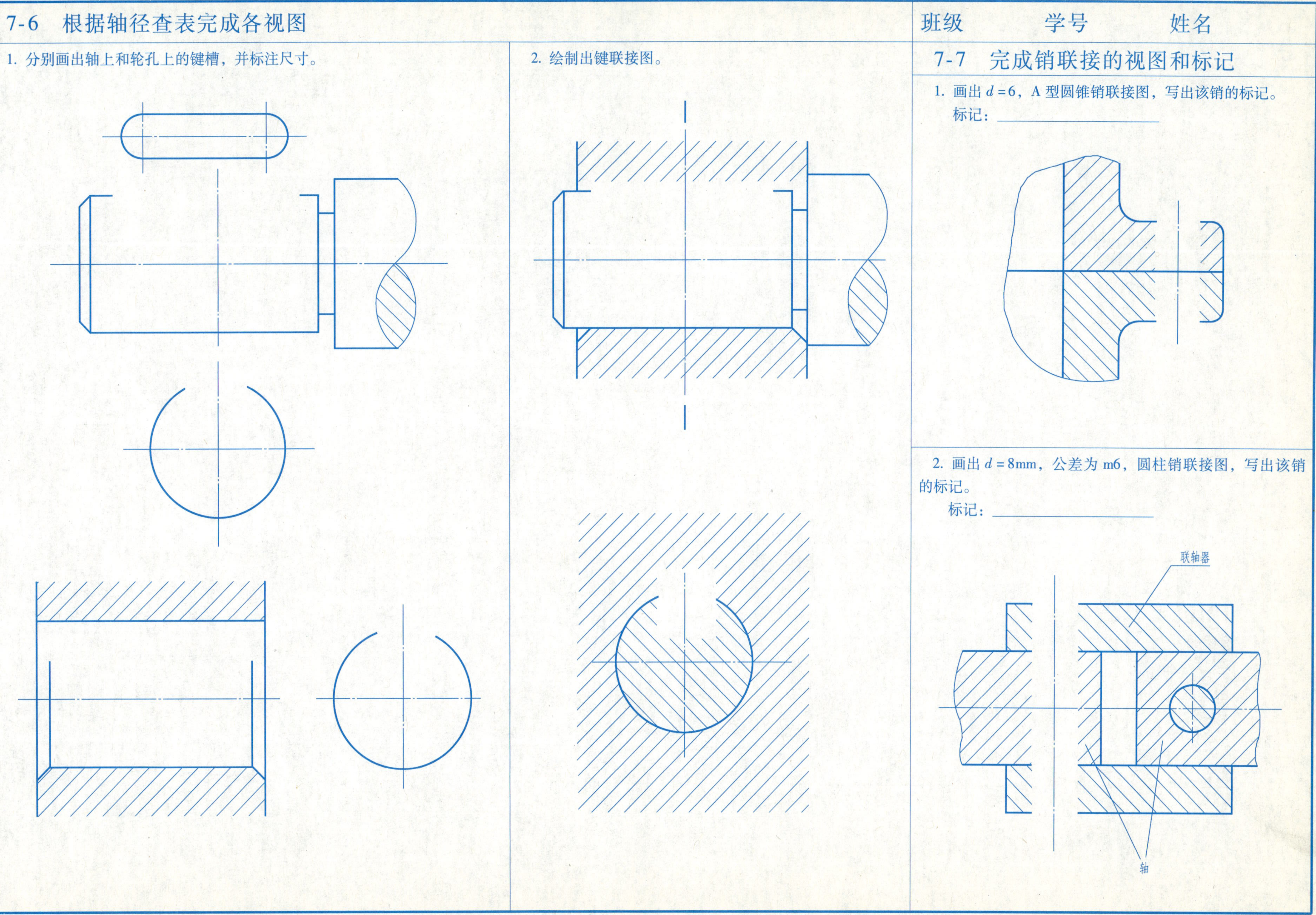

班级　　学号　　姓名

7-8　完成滚动轴承的视图

根据滚动轴承的标记，查表确定有关尺寸，用简化画法，按 1∶1 绘制滚动轴承的另一半详细图形。

7-9　完成齿轮的视图

1. 画出平板直齿圆柱齿轮的啮合图（主视图全剖），并标注中心距。已知主要参数为：模数 $m=2\text{mm}$，齿数 $z_1=18$，$z_2=22$。

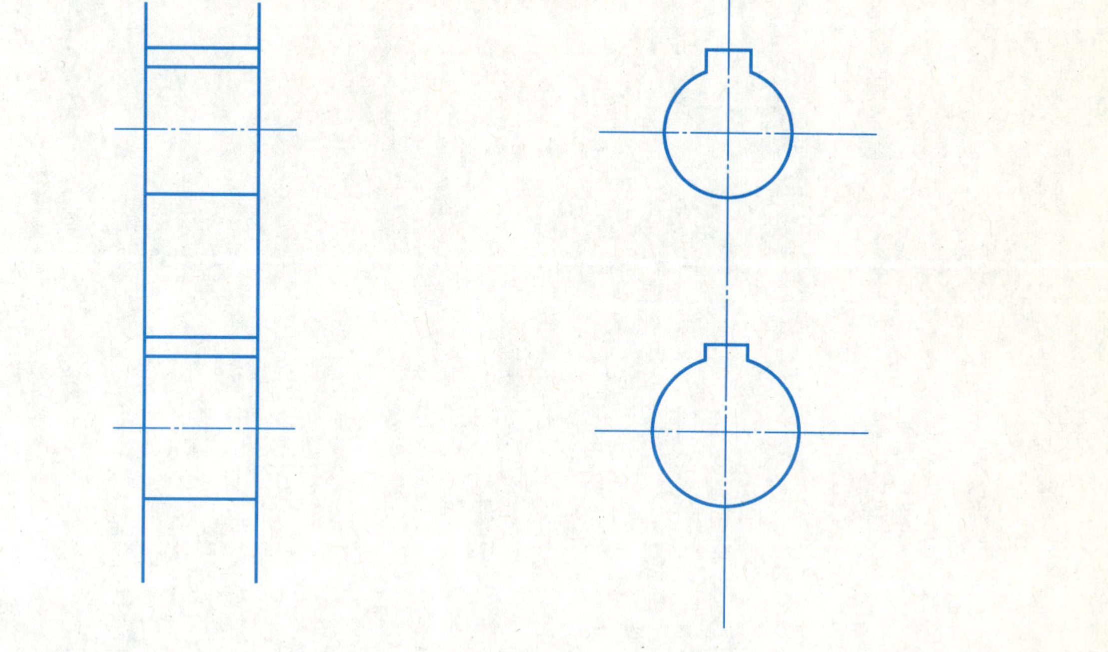

2. 已知直齿锥齿轮的主要参数为：模数 $m=3\text{mm}$，齿数 $z=23$，完成其两视图。

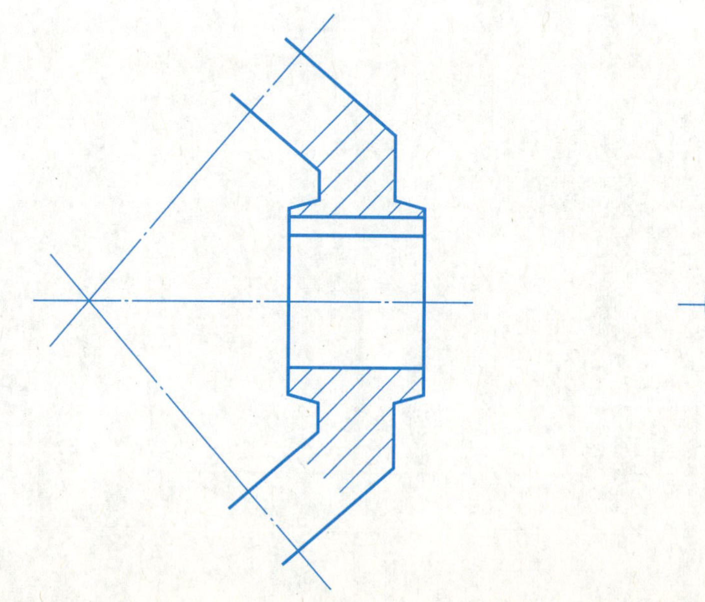

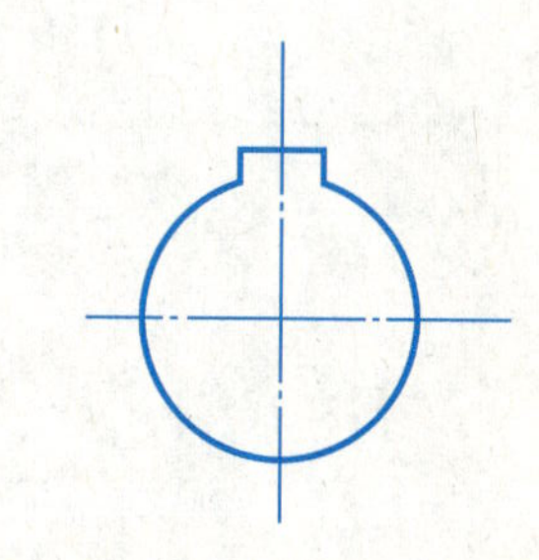

7-10　完成圆柱螺旋压缩弹簧的剖视图

已知圆柱螺旋压缩弹簧的簧丝直径 $d=5\text{mm}$，弹簧中径 $D=36\text{mm}$，节距 $t=12\text{mm}$，有效圈数 $n=8$，支承圈数 $n_2=2.5$，右旋，试画出此弹簧的剖视图，并标注 d、D、D_2、t 和 H_0 的尺寸。

第八章 零 件 图

8-1 零件测绘轴测图

班级　　学号　　姓名

零件测绘作业指导

一、目的和要求

1. 掌握零件测绘基本技能和绘制零件工作图的方法。
2. 掌握运用视图、剖视图、断面图等表达零件形状的方法。
3. 学习轴套类、盘盖类、叉架类及箱体类典型零件的表达方法和典型结构查表方法。
4. 学习尺寸基准的选择和尺寸标注方法。
5. 学习表面粗糙度、尺寸公差、几何公差的选择和标注。
6. 掌握一般测量方法和测量工具的使用方法。

二、作业内容

1. 根据给出的四类典型零件轴测图（或实物），绘制零件草图——用目测比例方法。
   徒手在方格纸上进行：确定表达方案，选择主视图和其他基本视图；根据表达需要，分别用视图、剖视图、断面图等表达方法，将零件形状结构全部表达清楚。
2. 确定尺寸基准，齐全、正确、清晰、合理标注零件尺寸。
3. 用类比法确定表面粗糙度要求、代号，并在图样上标注，用类比法确定几何公差项目、公差值，并标注在图样上，用类比法确定尺寸公差等级、公差值，并在图样上标注。

三、绘制草图的要求、方法和步骤，参见教材第八章 第六节的内容。

四、根据零件草图绘制零件工作图。

8-1 零件测绘轴测图

班级　　学号　　姓名

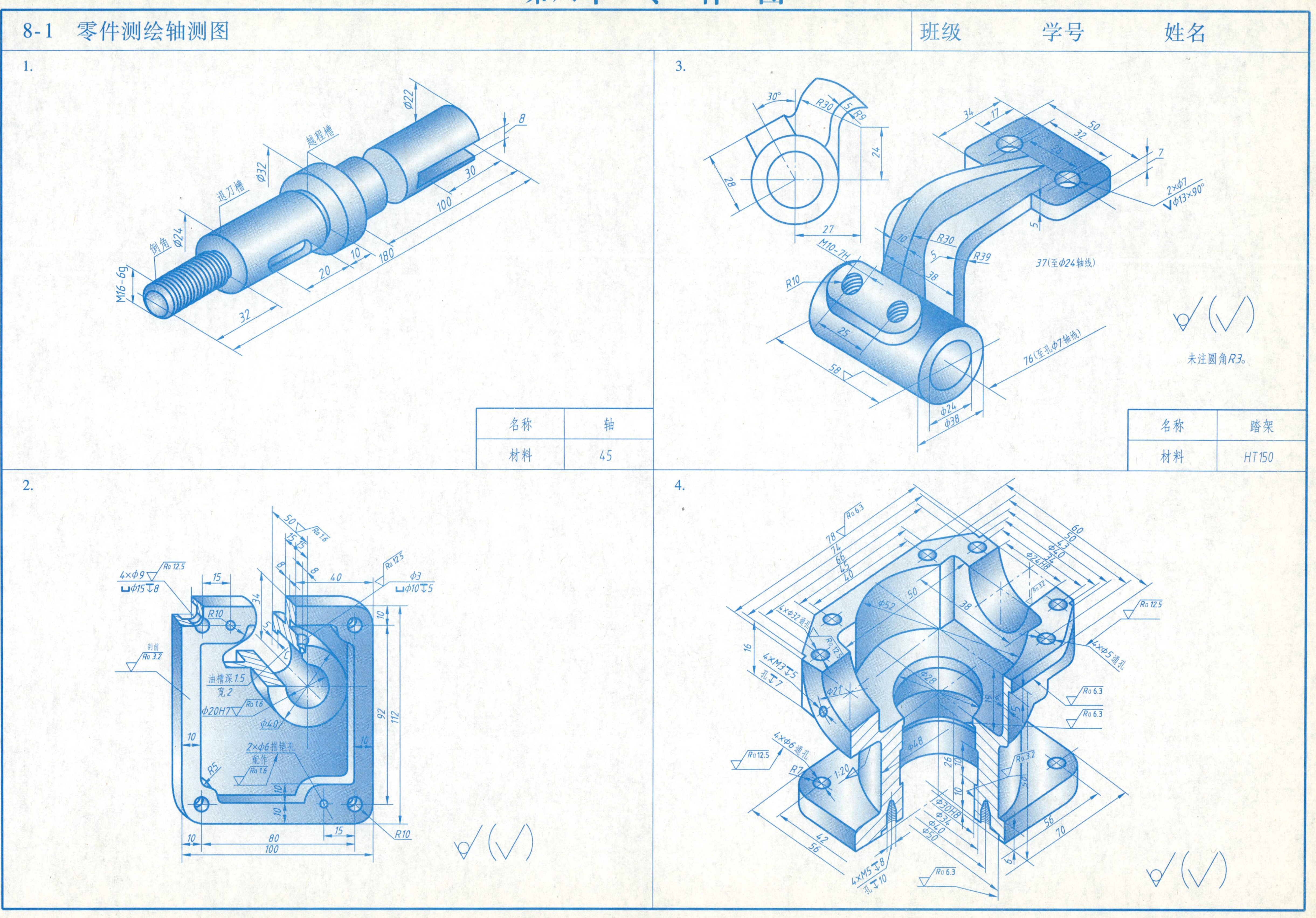

名称	轴
材料	45

名称	踏架
材料	HT150

8-2　读输出轴零件图，完成读图要求　　　　班级　　　学号　　　姓名

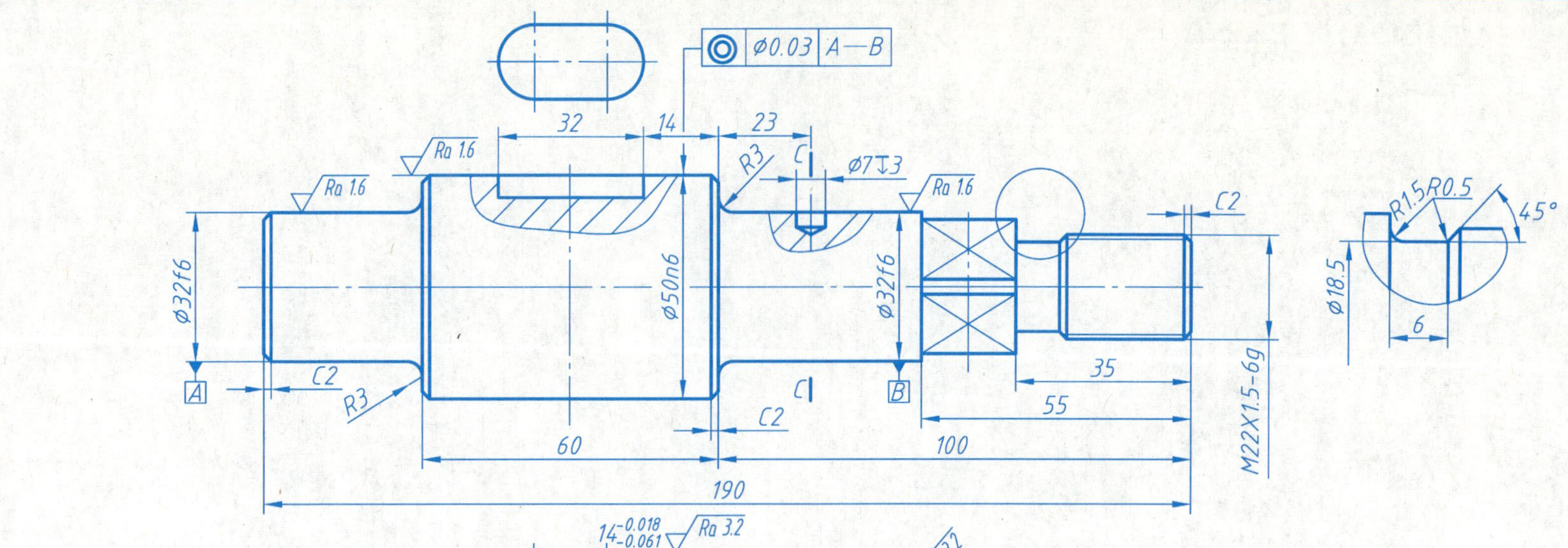

读 图 要 求

1. 零件上 φ50n6 段的长度为________，表面粗糙度代号为________。
2. 轴上平键槽的长度为________，宽度为________，深度为________。
3. M22×1.5－6g 的含义是________________。
4. 图上尺寸□22 的含义是________________。
5. φ50n6 的含义：表示公称尺寸为____，公差等级为____，____配合的非基准轴的尺寸及公差带标注，其极限偏差为________。
6. ⊚ φ0.03 A—B 的含义：表示被测要素为________，基准要素为________，公差项目为________，公差值为________。
7. 在图上指定位置画出 C—C 移出断面。

技术要求
1. 热处理：调质220~250HBW。
2. 未注圆角R1.5。

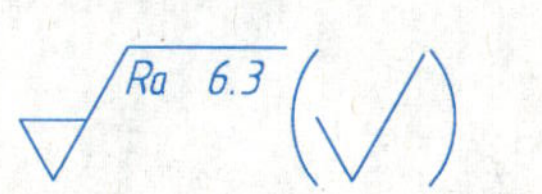

输出轴			比例	数量	材料	图号
					HT200	
制图	（姓名）	（日期）	（学校、班级）			
校核	（姓名）	（日期）				

8-3　读液压缸端盖零件图，完成读图要求

班级　　　　学号　　　　姓名

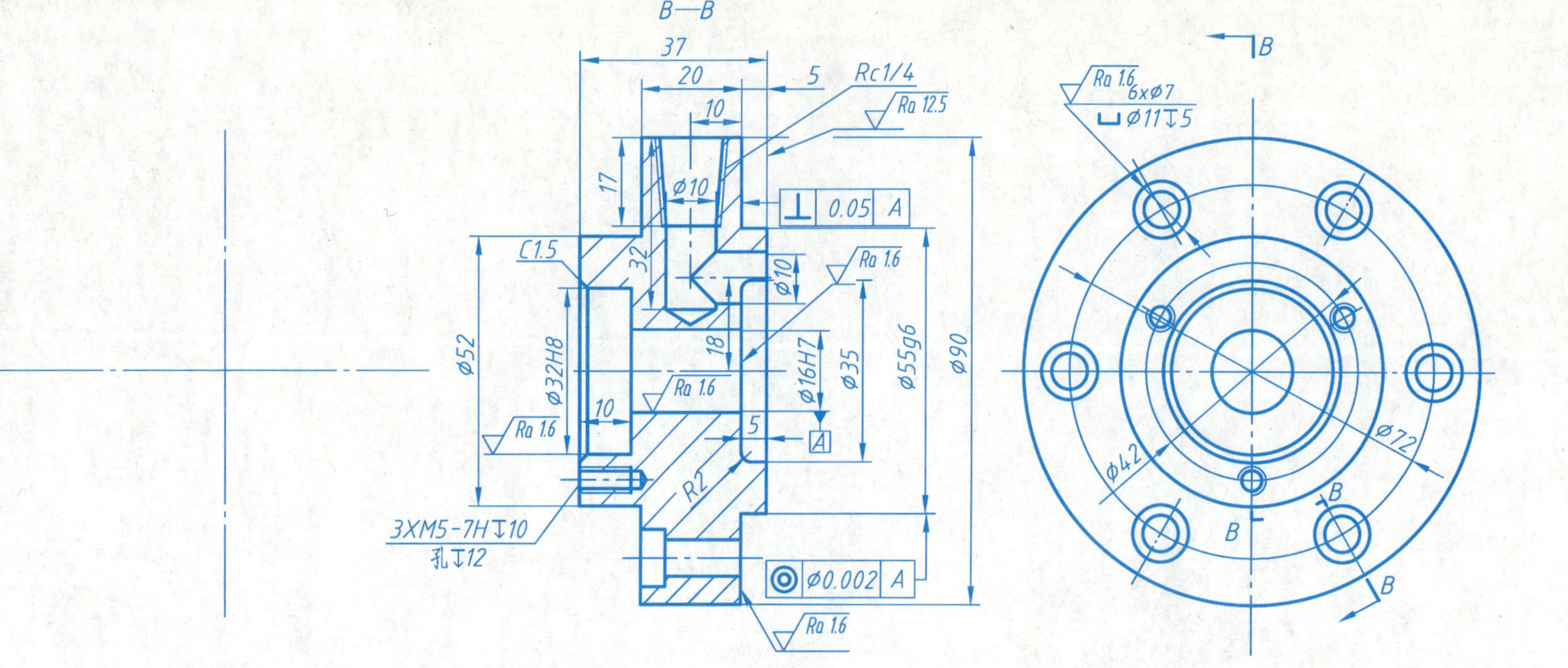

读 图 要 求

1. 主视图采用了 *B—B* ________剖视图。
2. 用指引线和文字在图上注明轴向尺寸和径向尺寸的主要基准。
3. 右端面上 ϕ10 圆柱孔的定位尺寸为________。
4. Rc 1/4 是________螺纹，大径尺寸为________。
5. $\frac{3\times M5-7H ↧ 10}{孔↧12}$表示____个____孔，大径为____，公差带代号为____，

螺孔深度为____。$\frac{6\times\phi7}{⌴\phi11↧5}$表示____个____孔，沉孔直径为________，深为________。

6. ϕ16H7 是基____制的____孔，公差等级为________。
7. ⊥ 0.05 A 的含义：表示被测要素为____的____端面，基准要素为____轴线，公差项目为____，公差值为________。
8. 在图上指定位置画出右视图的外形图（只画可见轮廓线）。

技术要求

1. 铸件要求表面平滑，不许有砂眼、裂纹等缺陷。
2. 未注铸造圆角R3。
3. 未注倒角C1。

$\sqrt{Ra\ 6.3}$ ($\sqrt{}$)

液压缸端盖			比例	数量	材料	图号
					HT150	
制图	（姓名）	（日期）	（学校、班级）			
校核	（姓名）	（日期）				

8-4 读轴架零件图，完成读图要求

班级 学号 姓名

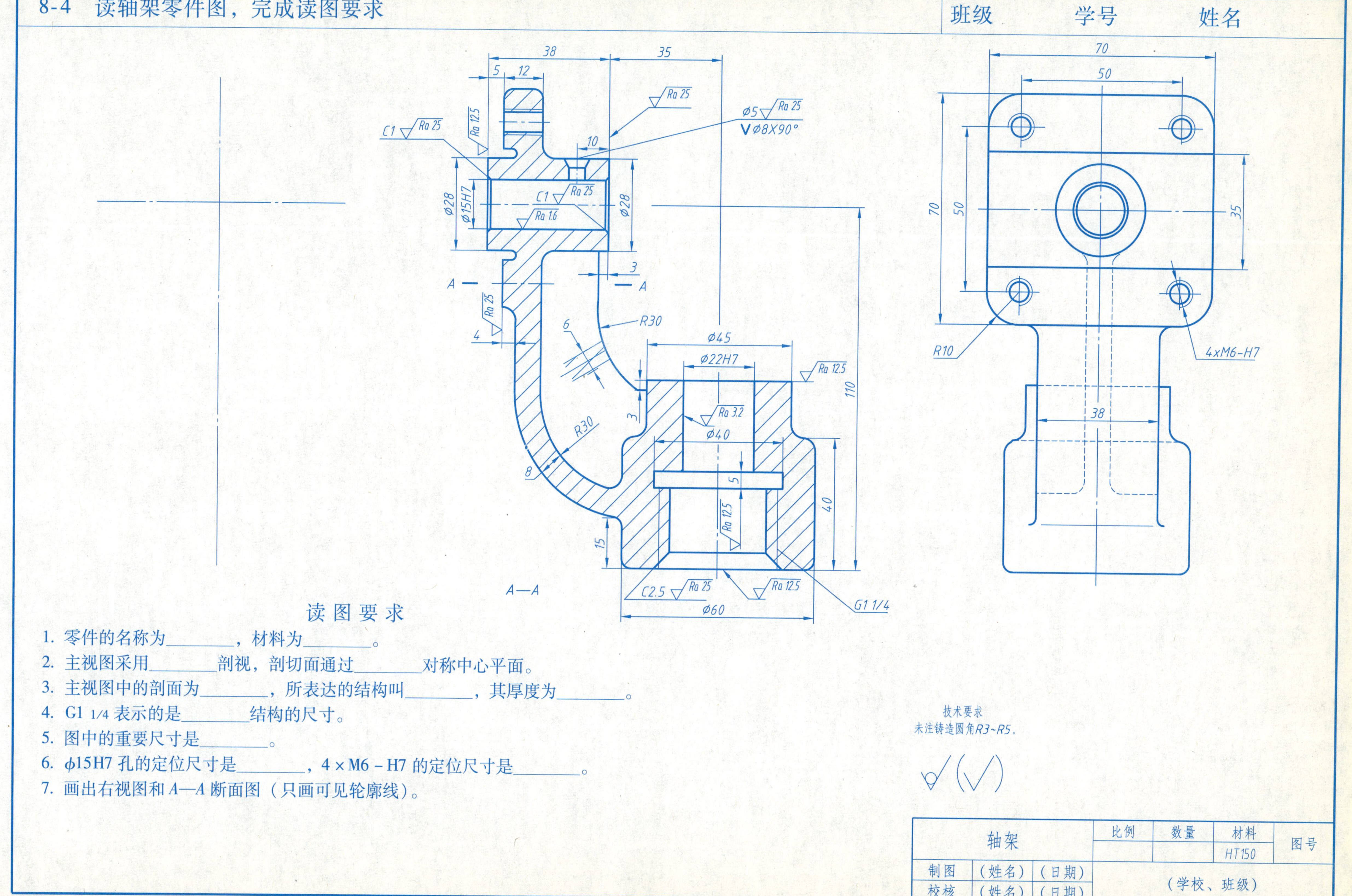

读图要求

1. 零件的名称为________，材料为________。
2. 主视图采用________剖视，剖切面通过________对称中心平面。
3. 主视图中的剖面为________，所表达的结构叫________，其厚度为________。
4. G1 1/4 表示的是________结构的尺寸。
5. 图中的重要尺寸是________。
6. ϕ15H7 孔的定位尺寸是________，4 × M6 – H7 的定位尺寸是________。
7. 画出右视图和 A—A 断面图（只画可见轮廓线）。

8-5 读阀体零件图，完成读图要求　　班级　　学号　　姓名

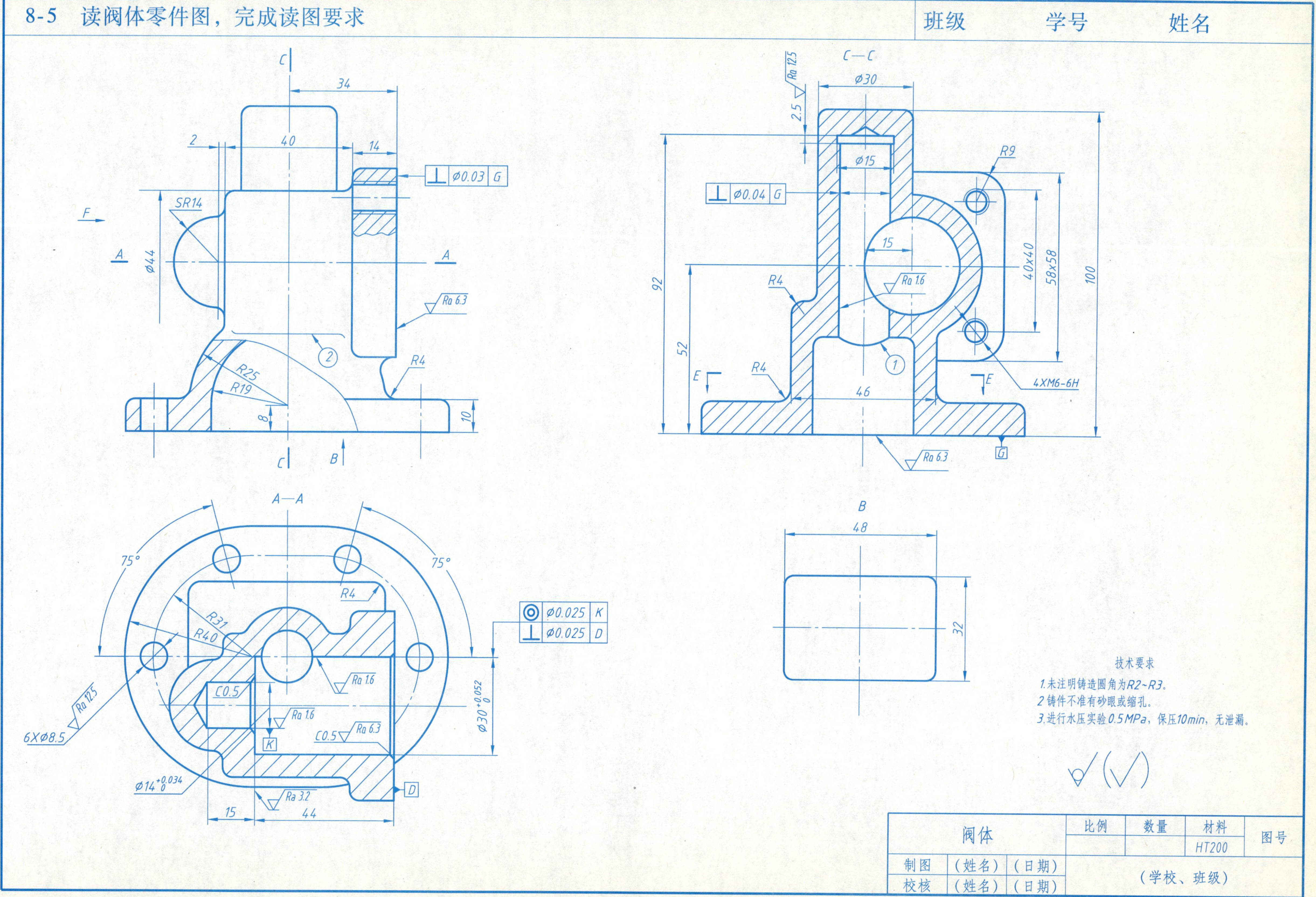

8-5　读阀体零件图，完成读图要求

班级　　　　学号　　　　姓名

读图要求

1. 阀体零件图采用了哪些表达方法，各视图表达的重点是什么？
2. 用文字指出长、宽、高三个方向的主要尺寸基准。
3. 说明下列尺寸意义：

   $SR14$ ________________

   58×58 ________________

   4×M6－6H ________________
4. 左视图中下列尺寸属于哪种类型的尺寸（定形、定位）？

   92—　　　　100—

   52—　　　　$\phi30$—

   46—　　　　15—

   40×40—　　　　58×58—
5. $\phi30^{+0.052}_{0}$上极限尺寸为________，下极限尺寸为________公差为________，查表改写成公差代号________。
6. 阀体零件加工面的表面粗糙度为 $Ra6.3$ 的共有________处。
7. 图中①指的是________线；②指的是________线。
8. 解释图中几何公差的意义。

   | ◎ | φ0.025 | K | —— |

   | ⊥ | φ0.025 | D | —— |
9. 在右边画出 F 向视图和 E—E 剖视图。

F

E—E

8-6　读泵体零件图，完成读图要求　　　班级　　　学号　　　姓名

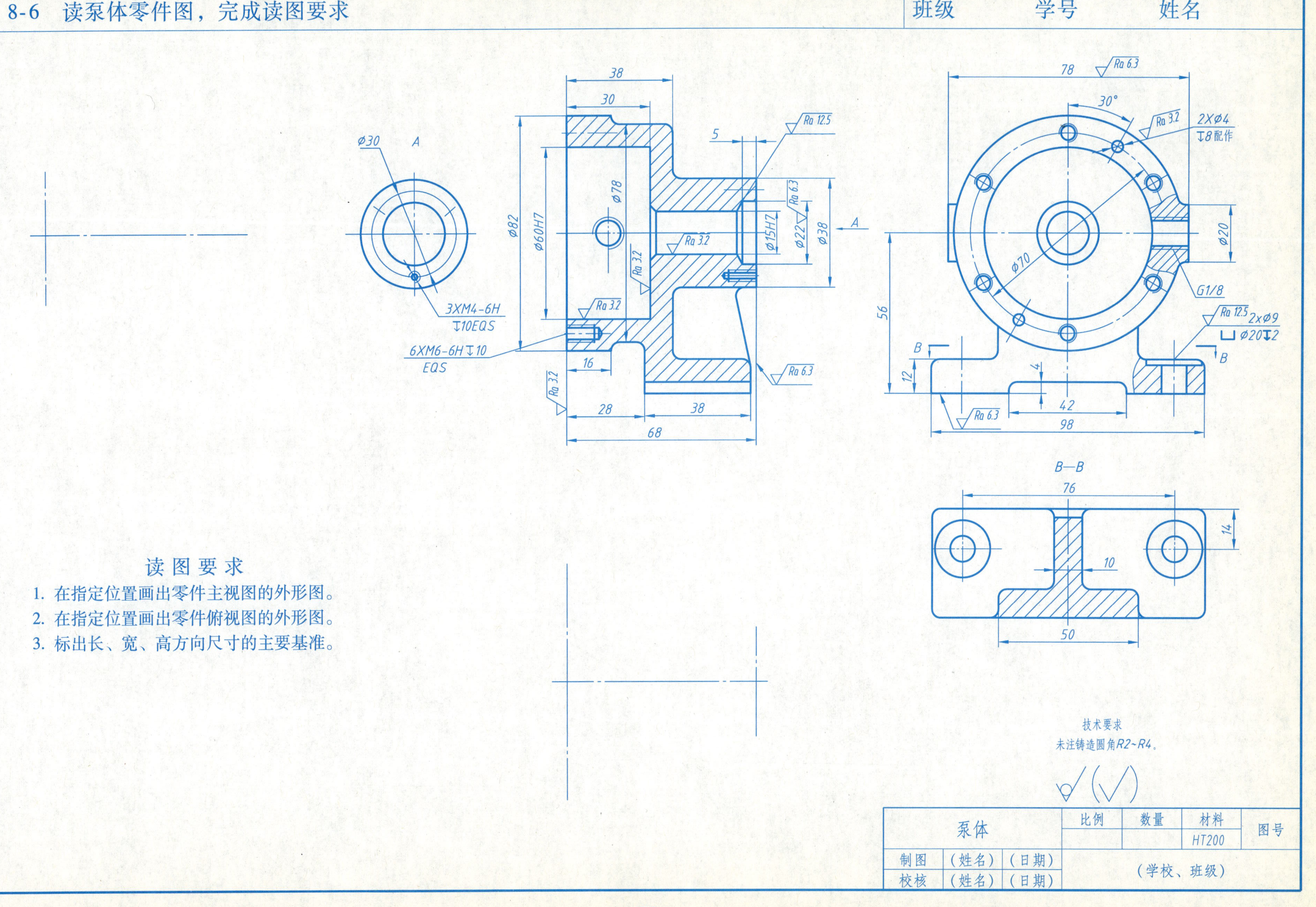

读图要求

1. 在指定位置画出零件主视图的外形图。
2. 在指定位置画出零件俯视图的外形图。
3. 标出长、宽、高方向尺寸的主要基准。

第九章　零件几何量公差

9-1　极限与配合

班级　　　　学号　　　　姓名

1. 根据图中标注，填写下表（只填数值）。

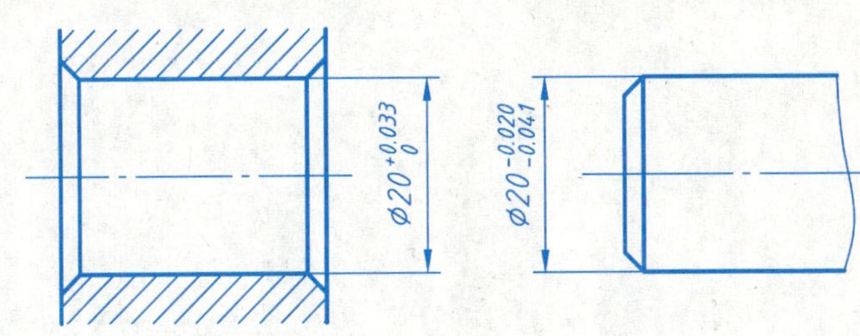

孔和轴 / 名称	孔	轴
公称尺寸		
上极限尺寸		
下极限尺寸		
上极限偏差		
下极限偏差		
公差		

2. 填空题

（1）$\phi 25^{-0.020}_{-0.033}$ 中 $\phi 25$ 是________尺寸，－0.020 是________极限偏差，－0.033 是________极限偏差，基本偏差是________。

（2）ϕ25H7 中 ϕ25 是________尺寸，H 是________代号，7 是________代号，基本偏差是________。

（3）配合是指________相同的孔和轴公差带之间的关系。

3. 根据零件标注，查出公差带代号，写在公称尺寸之后，并判断其配合类别；画出尺寸公差带图（孔画剖面线，轴涂黑），再列式计算出最大、最小间隙或过盈。

零件标注	公差带图	极限盈隙
孔 $\phi 120^{+0.087}_{0}$ 轴 $\phi 120^{-0.120}_{-0.207}$ （　　）配合		最大极限（间隙或过盈）＝ 最小极限（间隙或过盈）＝
孔 $\phi 50^{+0.025}_{0}$ 轴 $\phi 50^{+0.018}_{+0.002}$ （　　）配合		最大极限（间隙或过盈）＝ 最小极限（间隙或过盈）＝
孔 $\phi 100^{-0.024}_{-0.059}$ 轴 $\phi 100^{0}_{-0.022}$ （　　）配合		最大极限（间隙或过盈）＝ 最小极限（间隙或过盈）＝

4. 选择题

（1）下极限偏差是（　　）。

A. 0 或正值　　B. 0 或负值　　C. 任意值（可正、可负、可 0）

（2）下列标注中正确的是（　　）。

A. $\phi 50^{-0.025}_{-0.05}$　　B. ϕ50f7　　C. $\phi 50^{-0.025}_{-0.050}$f7

（3）ϕ25G7 和 ϕ25G9 的（　　）数值相同。

A. 上极限偏差　　B. 下极限偏差　　C. 公差

（4）下列画法中正确的是（　　）。

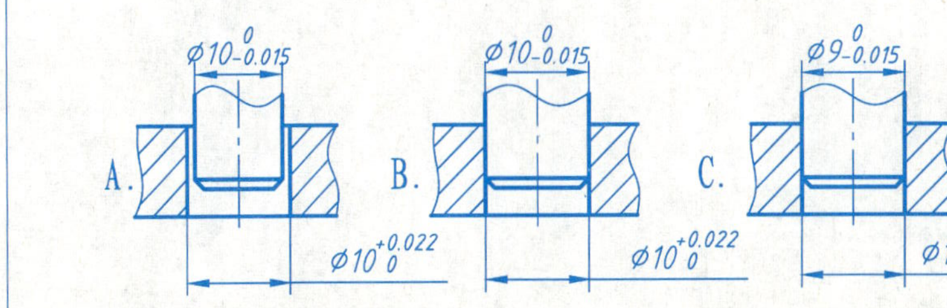

5. 根据公差带代号，查出基本偏差与标准公差，计算出另一个极限偏差，并说明公差带代号的意义。

序号	代号	标准公差	基本偏差及偏差	公差带代号的意义
1	ϕ70H7			
2	ϕ50f9			
3	ϕ8js7			
4	ϕ30R7			

6. 根据装配图的尺寸标注，在零件图上注出公称尺寸和上、下极限偏差数值，并填空。

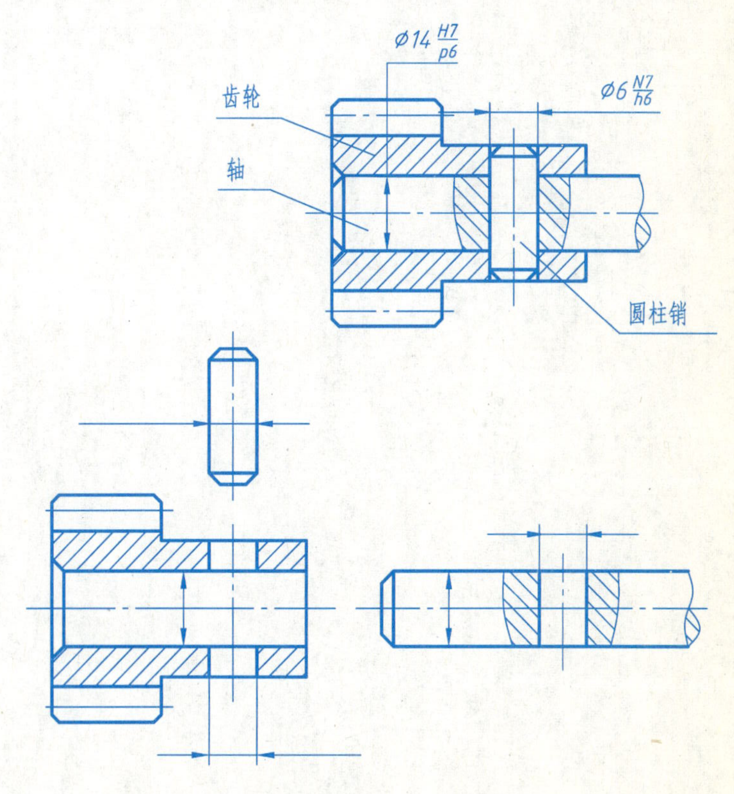

（1）齿轮孔与轴的配合采用基________制，是________配合。

（2）圆柱销与销孔的配合采用基________制，是________配合。

9-2　几何公差

班级　　　　学号　　　　姓名

1. 试对图中标注的各几何公差项目从以下四方面进行识读。
   1）被测要素；2）基准要素；3）公差项目；4）公差数值。

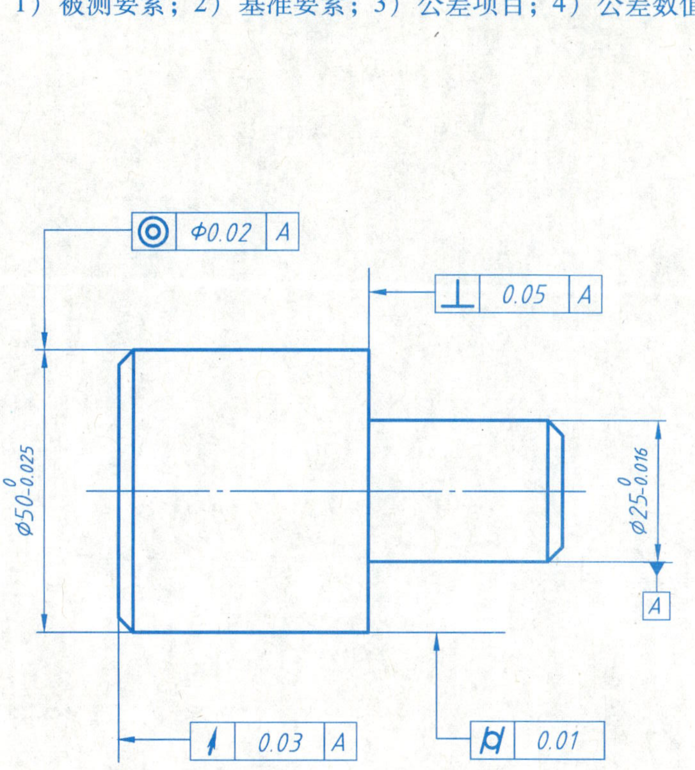

2. 试将下列几何公差要求标注在图中。

（1）圆锥面的圆度公差为 0.008。

（2）圆锥素线的直线度公差为 0.010。

（3）圆锥面相对 $\phi30^{+0.013}_{0}$ 孔轴线的圆跳动公差为 0.020。

（4）$\phi30^{+0.013}_{0}$ 孔圆柱度公差为 0.006。

（5）左端面相对 $\phi30^{+0.013}_{0}$ 孔的轴线的垂直度公差为 0.030。

（6）右端面相对左端面的平行度公差为 0.025。

（7）$\phi50^{0}_{-0.016}$ 轴的轴线相对 $\phi30^{+0.013}_{0}$ 孔的轴线的同轴度公差为 0.020。

（8）左端面的平面度公差为 0.012。

3. 改正图中几何公差标注的错误，将正确的标注在下图上。

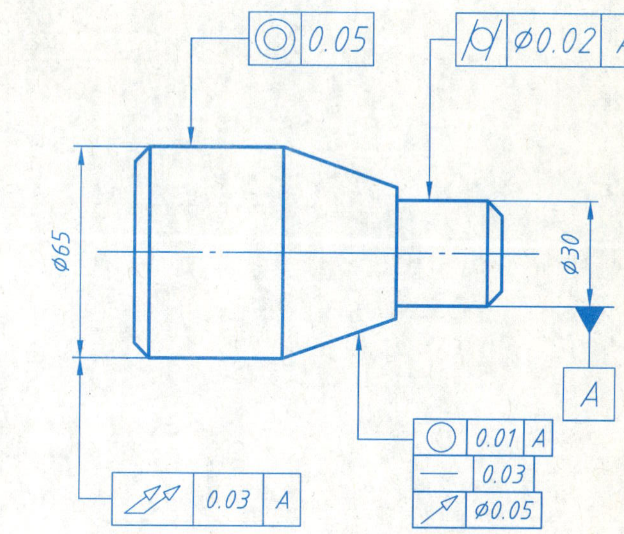

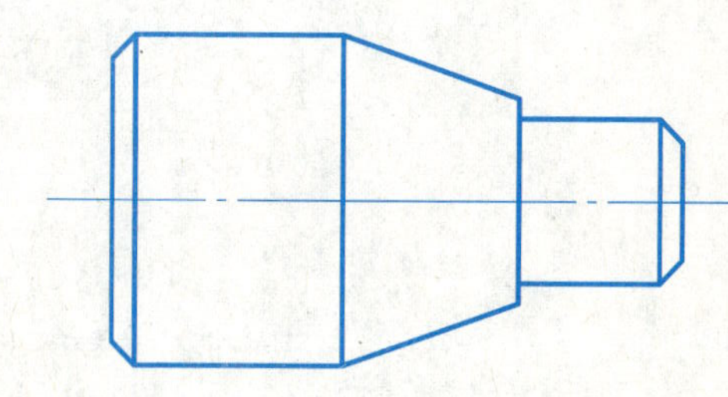

9-2　几何公差

班级　　　　学号　　　　姓名

4. 读下图所示销轴，试回答：

1）轴的最大、最小实体尺寸是多少？

2）试述图中采用的公差要求，遵守的理想边界名称及边界尺寸分别是什么？

3）直线度的最小、最大公差值是多少？

4）轴的横截面形状正确，实际尺寸处处皆为 ϕ19.98，轴线的直线度误差为 ϕ0.03，试问该轴是否合格？为什么？

5. 试述图中被测要素采用的公差要求，应遵守的理想边界名称及边界尺寸，直线度的给定值和可能允许的最大值。若轴的横截面形状正确，实际尺寸处处皆为 ϕ19.98，轴线的直线度误差为 ϕ0.03，试问该轴是否合格？

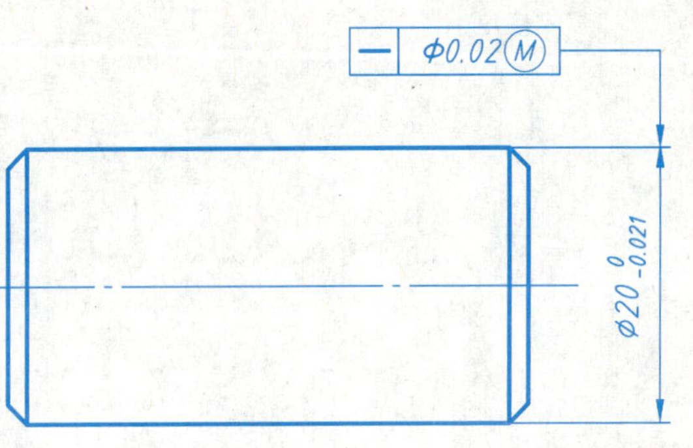

9-3　表面结构

1. 在下图的各个表面上，注出表面粗糙度代号：

其中：1、3、5、7 面为 Ra1.6μm；2、4、6、8 面为 Ra3.2μm。

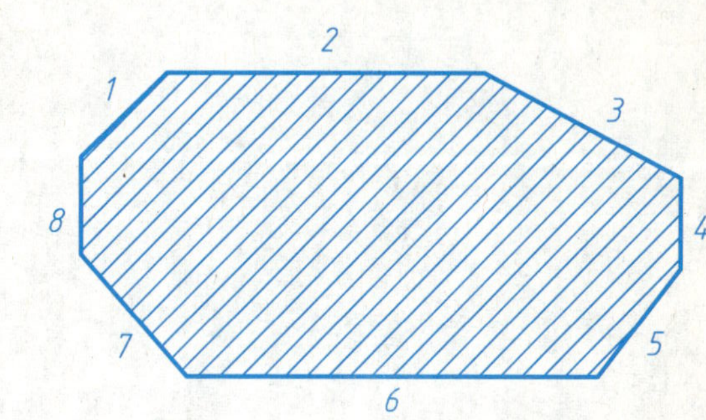

2. 按要求标注零件表面的表面粗糙度代号。

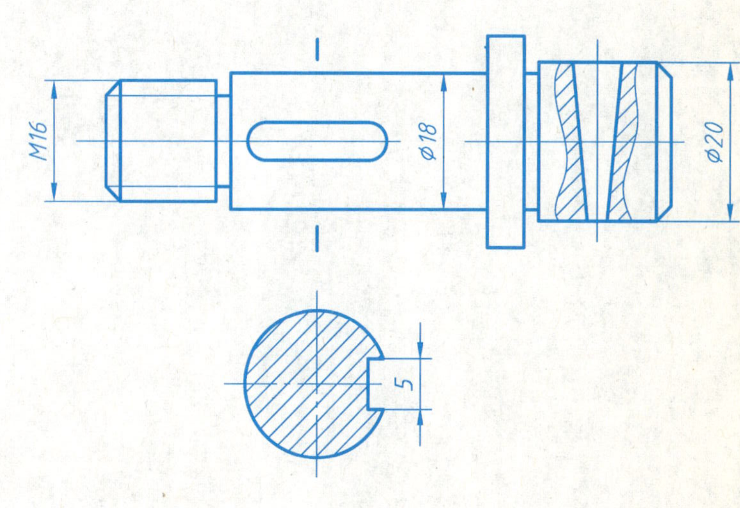

1）ϕ20、ϕ18 圆柱面为 Ra1.6μm。

2）M16 螺纹工作表面为 Ra3.2μm。

3）锥销孔内表面为 Ra3.2μm。

4）键槽两侧面为 Ra3.2μm；键槽底面为 Ra6.3μm。

5）其余表面为 Ra12.5μm。

9-3　表面结构

班级　　　　学号　　　　姓名

3. 标注下图所示零件的表面粗糙度代号。

注：圆柱面为 *Ra*1.6μm，倒角、锥面为 *Ra*6.3μm，其余表面为 *Ra*3.2μm。

4. 将指定表面的表面粗糙度用代号标注在图上。

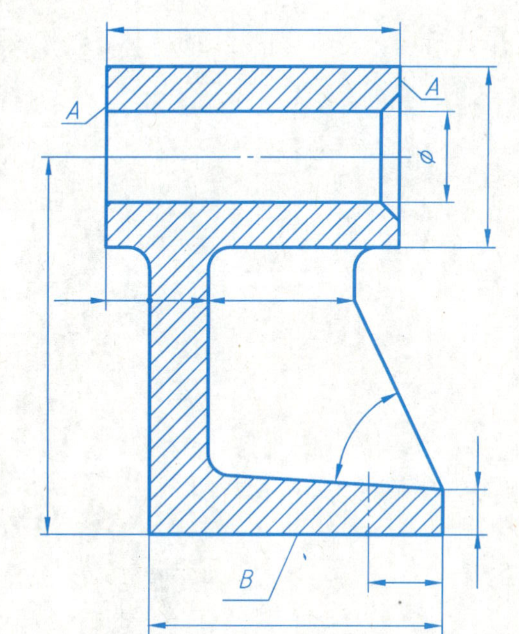

1）*A* 面表面粗糙度的上限值为 *Ra*12.5μm。

2）孔 ϕ 表面表面粗糙度的上限值为 *Ra*3.2μm。

3）*B* 面表面粗糙度的上限值为 *Ra*12.5μm。

4）其余表面不进行切削加工，表面粗糙度的上限值为 *Ra*50μm。

5. 分析图中表面粗糙度的标注错误，按正确的形式标注在下图中。

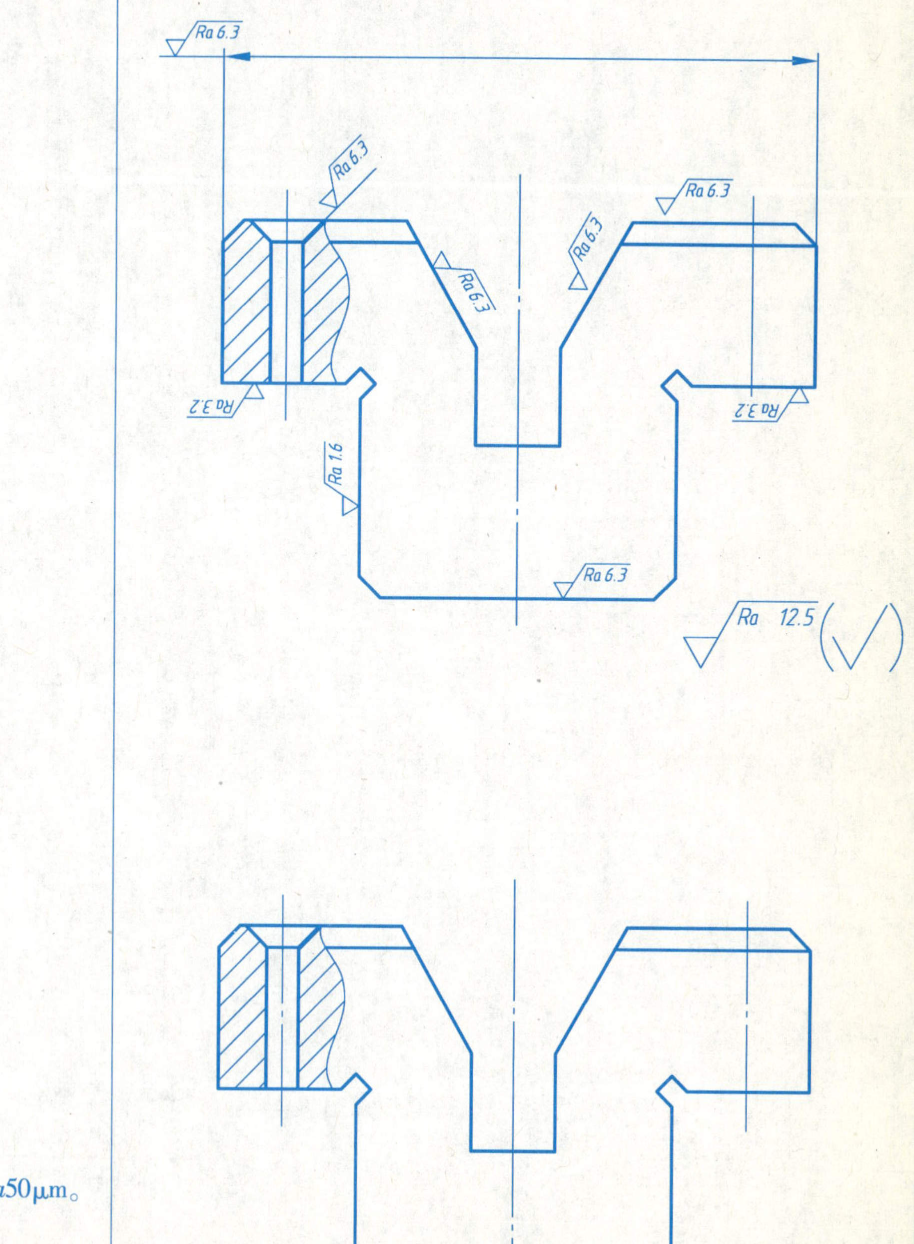

10-1　由零件图画装配图

班级　　　　学号　　　　姓名

参考千斤顶示意图和说明，看懂给出的零件图，画出千斤顶的装配图。

千斤顶示意图和说明

该千斤顶是一种手动起重支承装置，扳动铰杠转动螺杆，由于螺杆、螺套间的螺纹作用，可使螺杆上升或下降，同时进行起重支承。底座上装有螺套，螺套与底座间由螺钉固定。螺杆与螺套由矩形螺纹传动，螺杆头部孔中穿有铰杠，可扳动螺杆转动。螺杆顶部的球面结构与顶垫的内球面接触起浮动作用，螺杆与顶垫之间有螺钉限位。

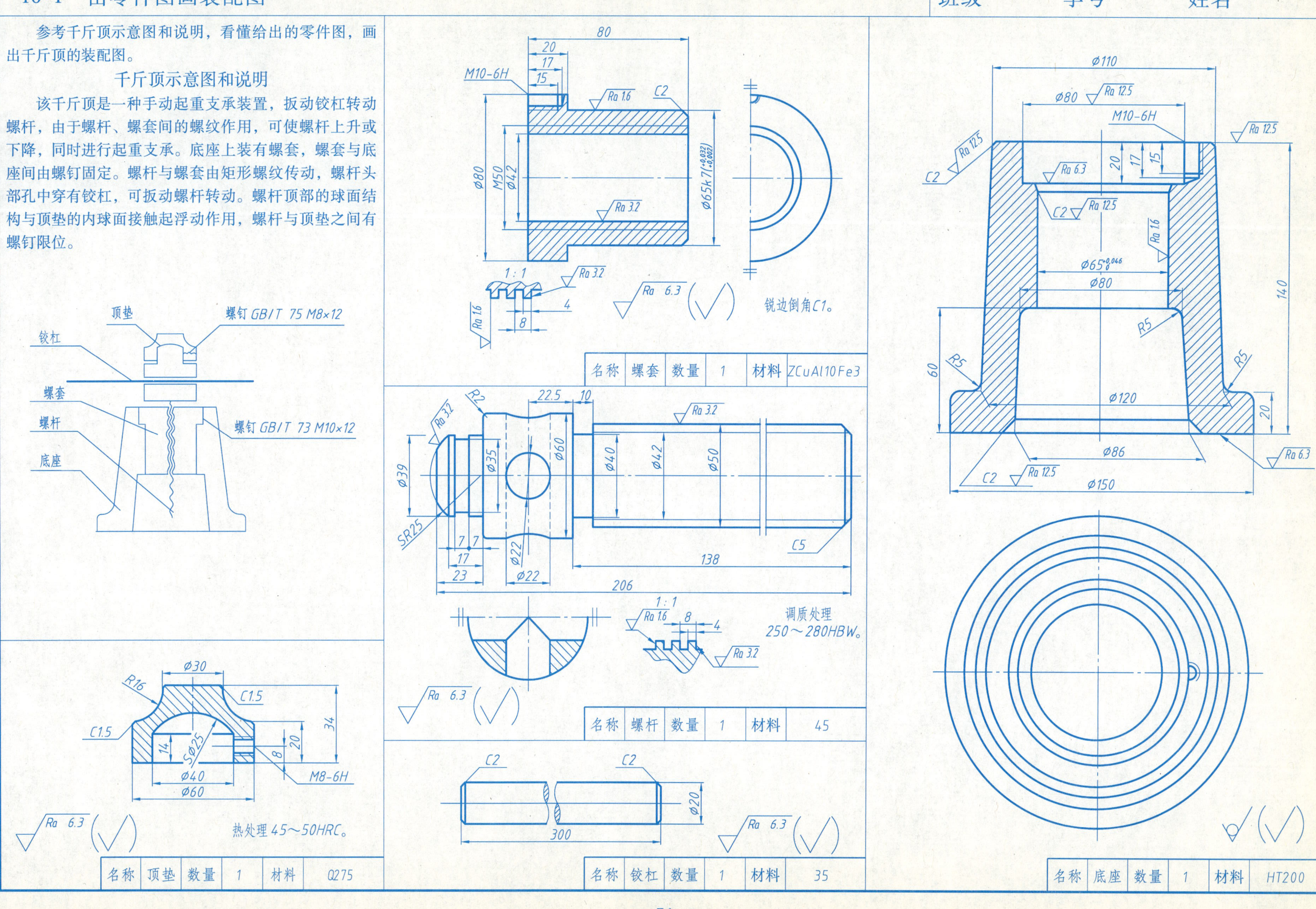

10-2 根据轴测图和零件图拼画装配图

班级　　　　学号　　　　姓名

手 压 阀

手压阀是吸进或排出液体的一种手动阀门。当握住手柄向下压阀杆时，弹簧因受力压缩使阀杆向下移动，液体的入口与出口相通；手柄向上抬起时，由于阀杆受弹簧弹力的作用，向上压紧阀体，使液体的入口与出口不通。

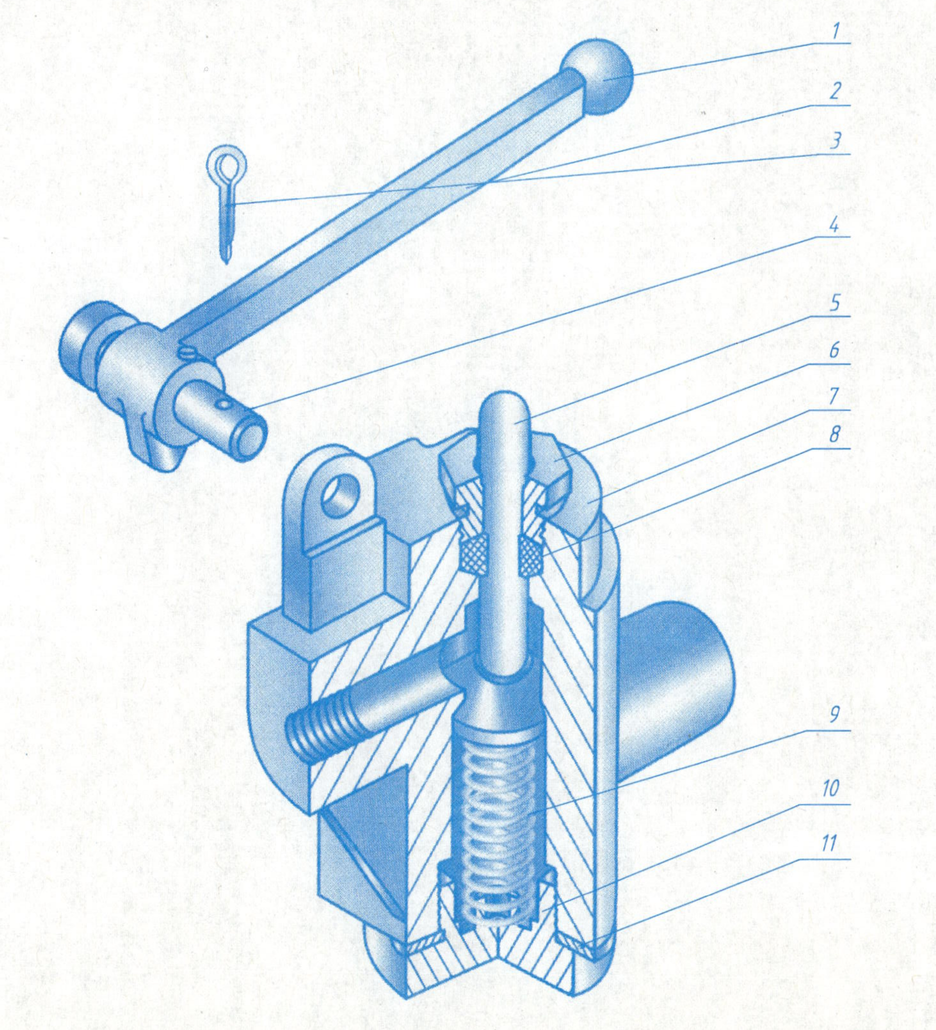

序号	名称	数量	材料	备注
11	胶垫	1	橡胶	
10	调节螺母	1	Q235	
9	弹簧	1	60CrVA	
8	填料		石棉	
7	阀体	1	HT200	
6	锁紧螺母	1	Q235	
5	阀杆	1	45	
4	销钉	1	20	
3	开口销	1	Q235	GB/T 91—2000
2	手柄	1	20	
1	球头	1	胶木	

$\sqrt{X} = \sqrt{Ra\ 25}$

$\sqrt{Y} = \sqrt{Ra\ 12.5}$

$\sqrt{Z} = \sqrt{Ra\ 6.3}$

7	阀体	1	1:2	HT200

10-2　根据轴测图和零件图拼画装配图

班级　　学号　　姓名

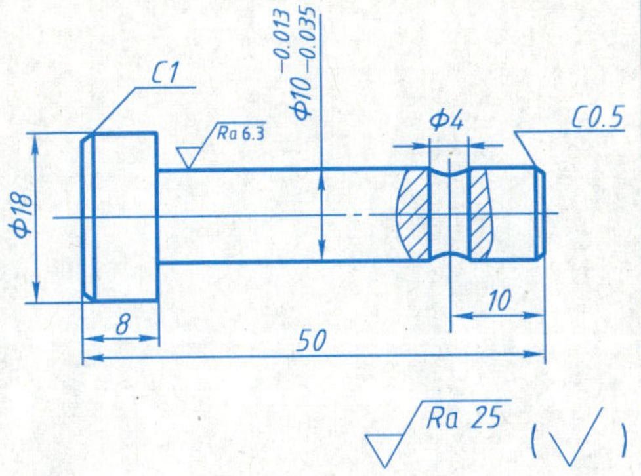

4	销钉	1	1:1	20

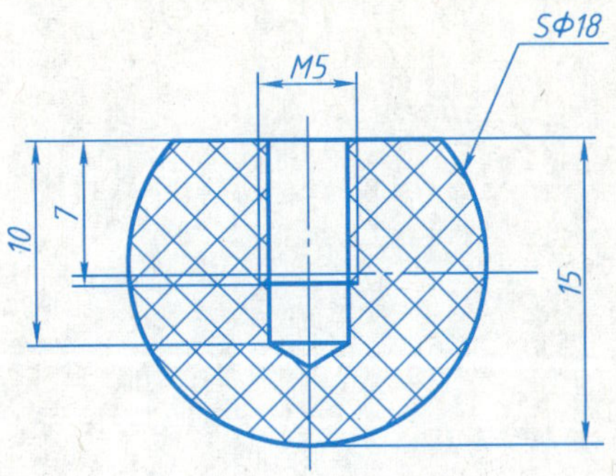

1	球头	1	2:1	胶木

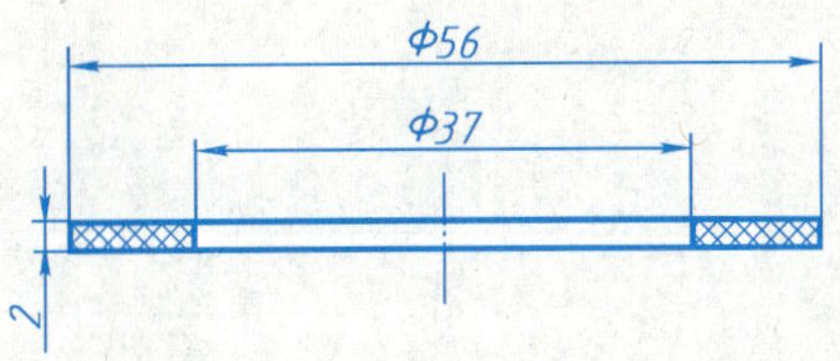

11	胶垫	1	1:1	橡胶

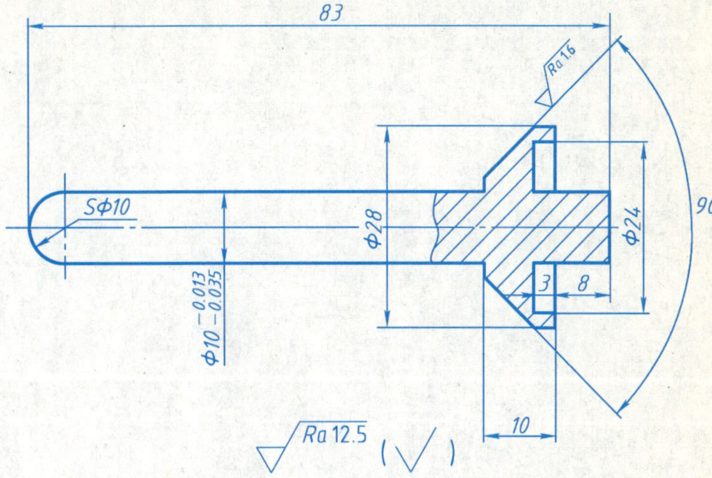

5	阀杆	1	1:1	45

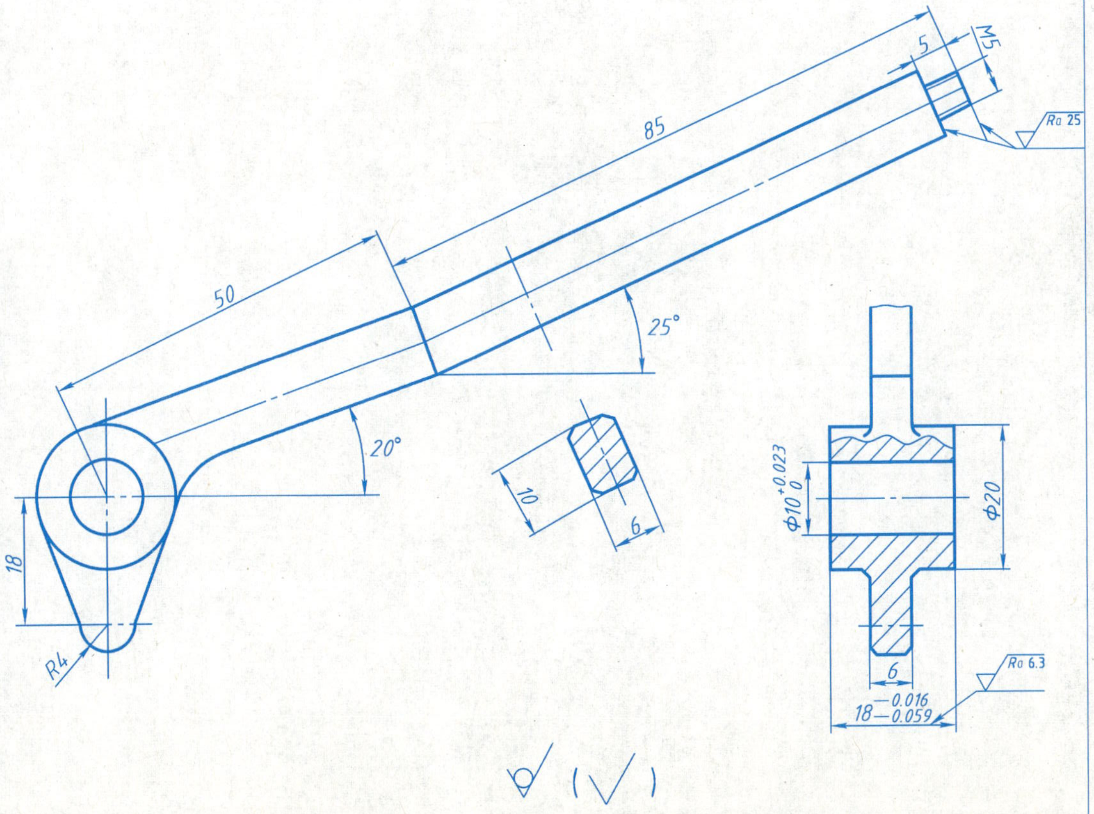

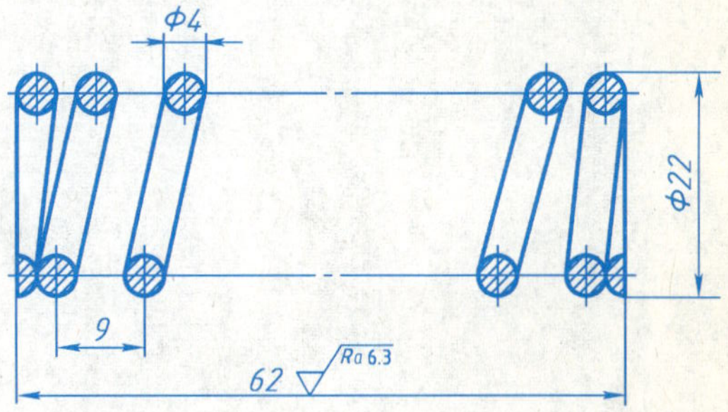

旋向：右。
有效圈数：6。
总圈数：8.5。
展开长度：488。

9	弹簧	1	1:1	60CrVA

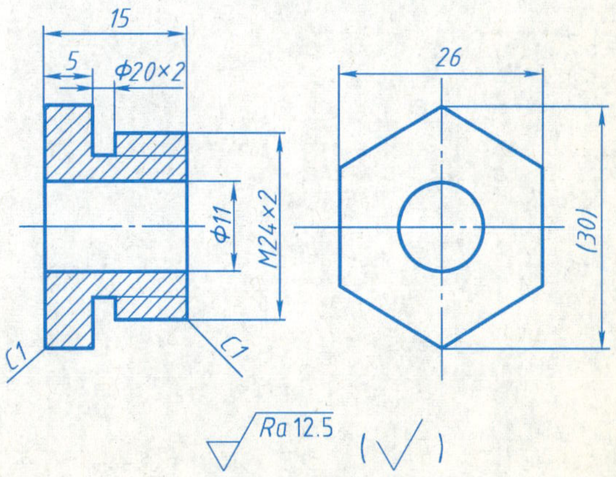

2	手柄	1	1:1	20

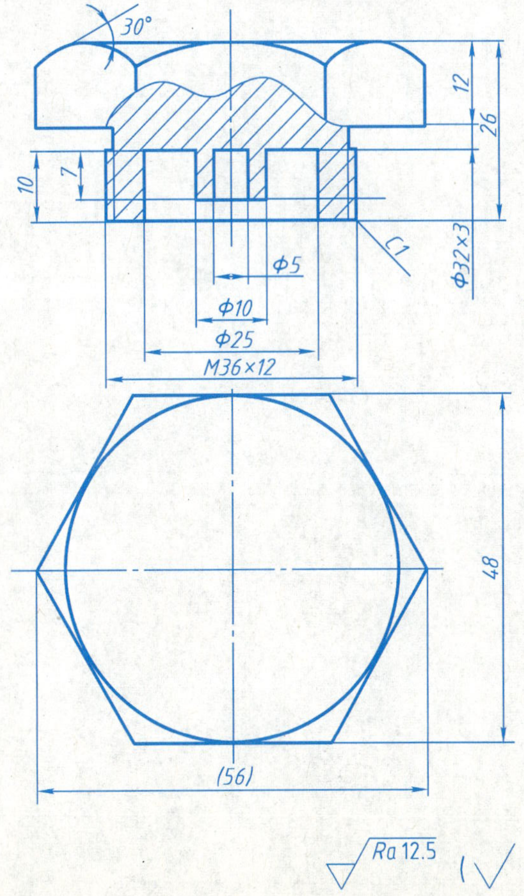

10	调节螺母	1	1:1	Q235

6	锁紧螺母	1	1:1	Q235

10-3 读钻模装配图

班级　　　　学号　　　　姓名

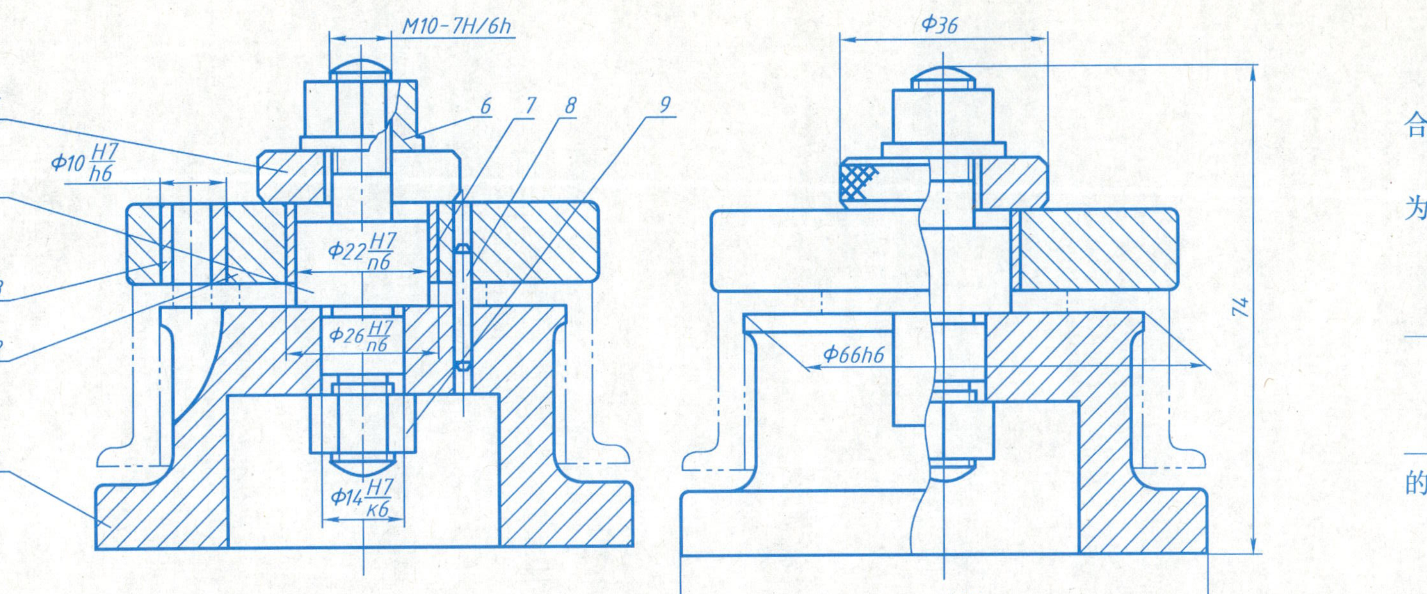

（1）该钻模是由____种共____个零件组成。

（2）主视图采用了____剖和____剖，剖切面与机件前后方向的____重合，故省略了标注，左视图采用了____剖。

（3）底座 1 的侧面有____个弧形槽，与被钻孔工件定位的尺寸为____________。

（4）钻模板 2 上有____个 $\phi10\frac{H7}{h6}$孔，钻套 3 的主要作用是____________。图中双点画线表示________，为________画法。

（5）$\phi22\frac{H7}{n6}$是件号____和件号____的配合尺寸，属于____制的________配合，H7 表示________的公差带代号，n6 表示件号________的________代号，7 和 6 表示________。

（6）三个孔钻完后，先松开____，再取出____，工件便可拆下。

（7）与底座 1 相邻的零件有________（只写出件号）。

（8）钻模的外形尺寸：长____、宽____、高____。

（9）拆画轴 4、底座 1 的零件工作图。

序号	名称	数量	材料		备注
9	六角螺母	1	35		GB/T 6170—2000
8	圆柱销 3m6×28	1	40		GB/T 119.1—2000
7	衬套	1	45		
6	特制螺母	1	35		
5	开口垫圈	1	40		
4	轴	1	40		
3	钻套	3	40		
2	钻模板	1	40		
1	底座	1	HT150		
钻模		比例	重量	第 张	10.03
		1:1		共 张	
制图					
审核					

10-4 读柱塞泵装配图

班级　　学号　　姓名

柱塞泵是输送油或在液压系统中使油产生压力的装置。当柱塞 5 向右移动，左端液压缸的密封容积增大，因而产生负压，这时油箱里的油在大气压力作用下由进口打开下阀瓣 14 进入液压缸。当柱塞向左移动，液压缸容积变小，使油产生压力而关闭下阀瓣 14，同时打开上阀瓣 10，将油经出油口压出。柱塞连续地往复运动，即可达到吸油和压油的目的。

1. 主视图与左视图中的剖视图的剖切位置在何处？
2. $B—B$、$C—C$ 是零件____、____的____图。
3. 说明 G3/8B 的含义______________________________。
4. 填料压盖 6 由______________与泵体 1 连接。管接头 13 由_______与泵体连接。
5. 柱塞 5 向右移动时，下阀瓣 14 向____移动吸油。柱塞向左移动时，下阀瓣关闭，上阀瓣 10 向____移动压油。
6. 写出装配图中下列尺寸：

   装配尺寸______________________________

   安装尺寸______________________________

   外形尺寸______________________________
7. 说明下列配合代号的含义：

   $\phi22\frac{H7}{g6}$

   $\phi28\frac{H7}{k6}$
8. 拆画泵体和管接头的零件图。

10-4 读柱塞泵装配图

班级　　　学号　　　姓名

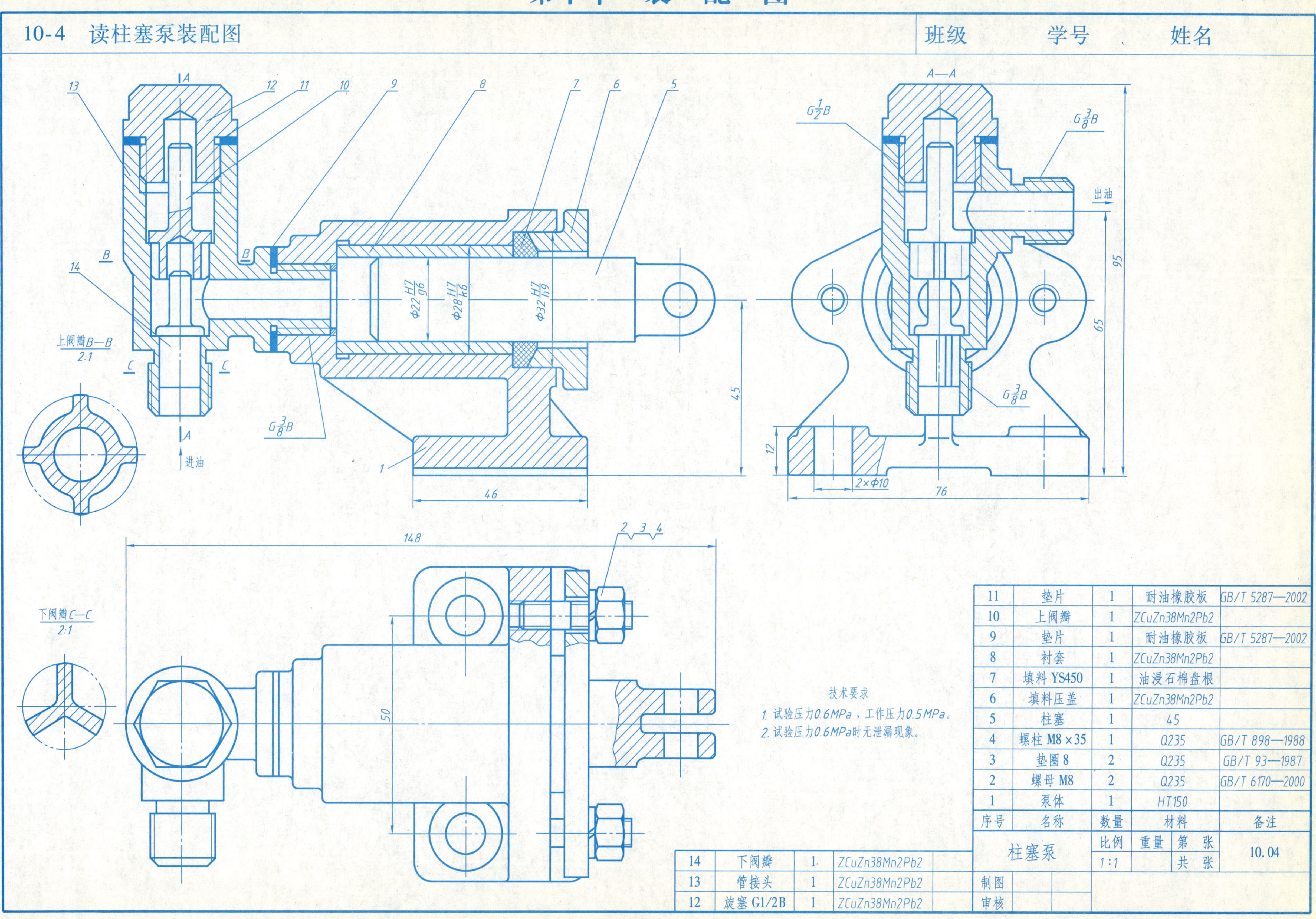

技术要求

1. 试验压力0.6MPa，工作压力0.5MPa。
2. 试验压力0.6MPa时无泄漏现象。

序号	名称	数量	材料	备注
14	下阀瓣	1	ZCuZn38Mn2Pb2	
13	管接头	1	ZCuZn38Mn2Pb2	
12	旋塞 G1/2B	1	ZCuZn38Mn2Pb2	
11	垫片	1	耐油橡胶板	GB/T 5287—2002
10	上阀瓣	1	ZCuZn38Mn2Pb2	
9	垫片	1	耐油橡胶板	GB/T 5287—2002
8	衬套	1	ZCuZn38Mn2Pb2	
7	填料 YS450	1	油浸石棉盘根	
6	填料压盖	1	ZCuZn38Mn2Pb2	
5	柱塞	1	45	
4	螺柱 M8×35	1	Q235	GB/T 898—1988
3	垫圈 8	2	Q235	GB/T 93—1987
2	螺母 M8	2	Q235	GB/T 6170—2000
1	泵体	1	HT150	

柱塞泵	比例	重量	第 张	10.04
	1:1		共 张	
制图				
审核				

第十一章　展　开　图

班级　　　　学号　　　　姓名

1. 画出截头六棱柱立体表面的展开图。

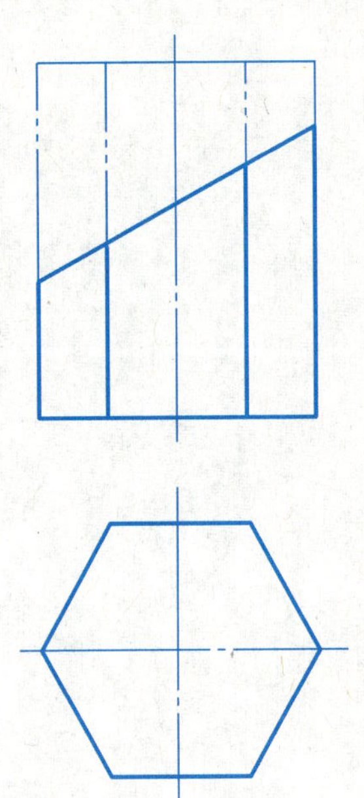

2. 画出截头三棱锥立体表面的展开图。

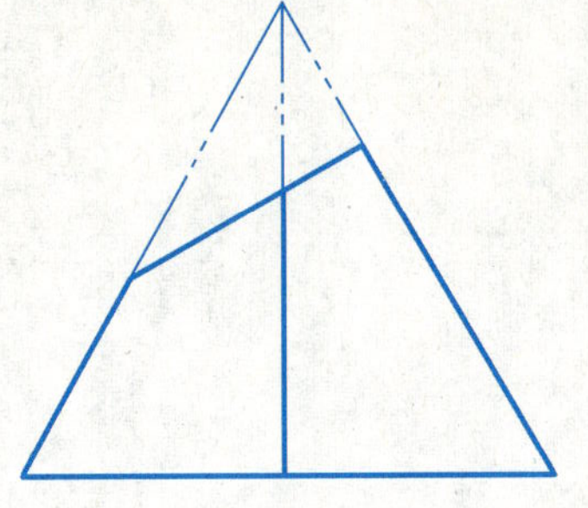

3. 画出截头圆柱立体表面的展开图。

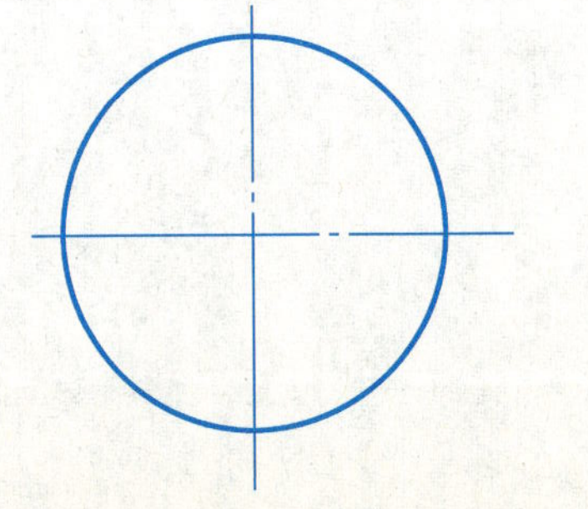

4. 画出截头圆锥立体表面的展开图。

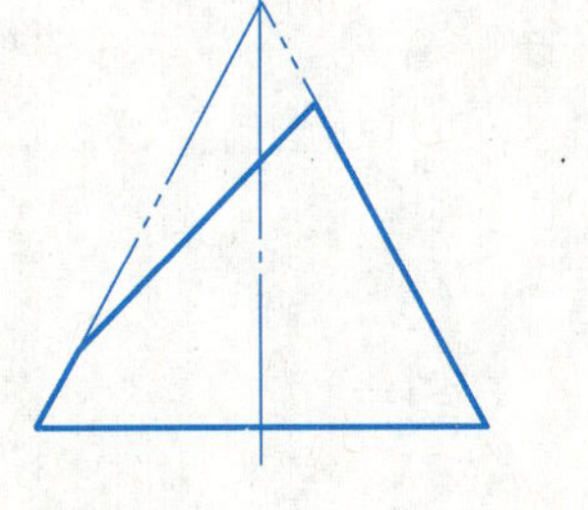

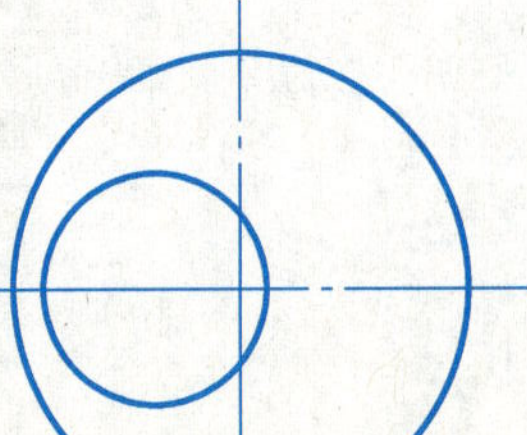